Rose Marie Dähncke
Grundschule für Pilzsammler

Rose Marie Dähncke

Grundschule für Pilzsammler

Pilze sicher bestimmen

AT Verlag Aarau · Stuttgart

Umschlagbild:
Vielgestaltiger Schleimkopf
(Cortinarius variegatus)

3. Auflage, 1994

AT Verlag Aarau/Schweiz

Umschlag: AT-Grafik
Fotos: R. M. Dähncke
Gesamtherstellung: Grafische Betriebe
Aargauer Tagblatt AG, Aarau

Printed in Switzerland

ISBN 3-85502-230-5

INHALT

Verzeichnis der Pilze

EIN WORT ZUM BUCH

Wenn es nun noch ein weiteres Pilzbuch gibt, so werden Sie schon nach kurzem Blättern feststellen, dass es viele Begriffserklärungen enthält, die in anderen Büchern fehlen. Durch zahlreiche Zeichnungen und Verweise auf im Pilzkatalog fotografisch abgebildete Details (als «Beispiel» mit der entsprechenden Nummer des Pilzes im Pilzkatalog angegeben) wird das Begreifen des Stoffes so leicht gemacht, dass Sie Lust bekommen, mehr über die Erkennungsmöglichkeiten der Pilze zu erfahren.

Der Rahmen des Buches wurde so abgesteckt, dass Sie ohne überflüssigen Ballast nur die nötigen Zusammenhänge lernen, was trotzdem schon bald zu dem ersehnten Ziel führt, den gefundenen Pilz selbst zu bestimmen oder wenigstens die Gattung, zu der er gehört. Diese Einführung in die Pilzkunde ist nicht nur für den Anfänger wichtig und notwendig, sondern wird auch dem Fortgeschrittenen viele Dinge erklären, die er oft gelesen und nie richtig verstanden hat. Es ist das Grundwissen, das jeder braucht, um auch mit anderen gebräuchlichen Pilzbüchern und mit weiterführender Literatur arbeiten zu können.

Jeder verständige Mensch weiss, dass sich auf allen Gebieten durch eine fachmännische Anweisung viel Zeitaufwand und viele Fehlerquellen vermeiden lassen, da man von einem Fachmann immer auf kürzestem Wege und gleich richtig in die Materie eingeführt wird. Durch langjährige Praxis in der Pilzberatung und ausgiebige Lehrtätigkeit auf dem Pilzsektor glaube ich, über das nötige Wissen zu verfügen, aber auch die einfachsten und besten Methoden zu kennen, Ihnen die Grundlagen der Pilzkunde leicht verständlich zu machen.

Im Pilzkatalog wird dem Speisepilzsammler eine Übersicht über 70 Esspilze durch hervorragende Farbfotos geboten, die alle markanten Merkmale deutlich erkennen lassen. Auf ähnliche ungeniessbare Doppelgänger wird hingewiesen mit genauer Beschreibung der Unterscheidungsmerkmale.

Die 14 wichtigsten Giftpilze, die jeder Pilzsammler wenigstens theoretisch kennen sollte, schliessen den Pilzkatalog ab. Zur Warnung sind sie zusätzlich rot gekennzeichnet.

Der Text wird weitgehend in deutschen Bezeichnungen gehalten, jedoch werden die notwendigen lateinischen Namen und Begriffe in Klammern angegeben. Sie werden später einmal selbst sehen, dass es in Zweifelsfällen nicht ohne diesen fremdsprachlichen Namen geht, da die volkstümlichen Namen für ein und denselben Pilz zahlreich und unterschiedlich sind. Die in ***halbfetter Kursivschrift*** gedruckten Fachausdrücke werden auf den Seiten 34–36 erläutert.

Sie selbst bestimmen Ihr Lernprogramm. Es wird mit dem Pilz und seinen äusseren Erkennungsmerkmalen begonnen, mikroskopische Angaben und biologische Zusammenhänge folgen erst im weiteren Verlauf, und auch da nur in einem Ausmass, wie es für den Durchschnittspilzsammler brauchbar ist.

Falls Sie sich für ein Pilzfachgebiet besonders interessieren, finden Sie im entsprechenden Kapitel den Hinweis auf weiterführende Spezialliteratur und auf den Seiten 32/33 eine Gesamtübersicht.

HUTPILZE

Pilzbestimmung
Da es in diesem volkstümlichen Buch um die Erkennung des Pilzteiles geht, dem wir in Wald und Flur in den verschiedensten Formen begegnen, den wir zum Essen oder aus botanischer Liebhaberei sammeln, nennen wir ihn ruhig «Pilz», obwohl es sich nur um den ***Fruchtkörper*** (oder auch Sporenträger) handelt, also nur um einen Teil der Gesamtpflanze. Die Pilzpflanze ***(Myzel)*** selbst ist kaum sichtbar und kann je nach Art unterschiedlich wachsen und gelagert sein (Seite 31). Der untenstehende symbolische Pilz zeigt zur ***Bestimmung*** notwendige Merkmale, deren Entstehung oder Beschaffenheit auf den folgenden Seiten ausführlich erklärt wird.

Dieser Pilz besteht aus Hut und Stiel, er ist ein ***Hutpilz,*** im Gegensatz zu den ***Nichthutpilzen*** Seite 27.

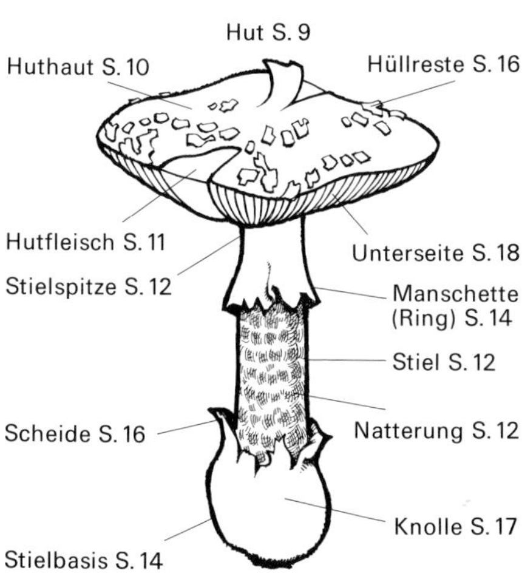

HUT

äusserlich
Die Hutoberfläche ist der dem Pilzsucher zugekehrte Pilzbestandteil. Sie lässt manchmal schon Schlüsse auf die ***Art*** zu. Es gibt zum Glück (weil jeder Unterschied ein bisschen weiterführt in der Pilzerkennung) viele Möglichkeiten der Beschaffenheit: matt, samtig, feinfilzig, wildlederartig, flockig, schuppig, glänzend, ***bereift,*** schmierig (wenn man mit dem Finger in einer Schleimschicht herumschmieren kann), klebrig (wenn der draufgehaltene Finger beim Abheben kurze Klebfäden zieht; trockene Pilze müssen zu dieser Probe etwas angefeuchtet werden, Spucke genügt), mit einer zusammenhängenden Schleimschicht überzogen, runzelig, aber auch:

dachziegelartig geschuppt (Beispiel Nr. 40)

felderig aufgerissen (Beispiel Nr. 15)

mit abwischbaren Hüllresten (Beispiel Nr. 36)

konzentrisch *gezont, typisch für einige Milchlinge*

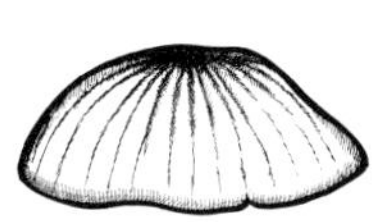

radial gestreift, gefasert (Beispiel Nr. 77)

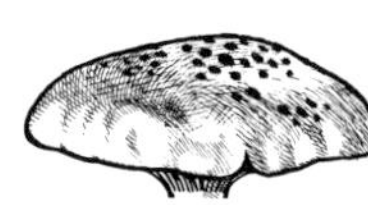

mit tropfenartigen Flecken

Der Hutrand kann sein:

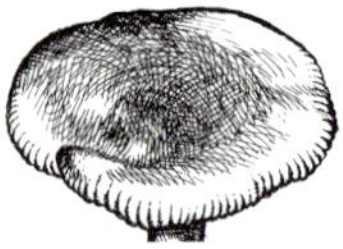

gerippt
(Beispiel Nr. 51)

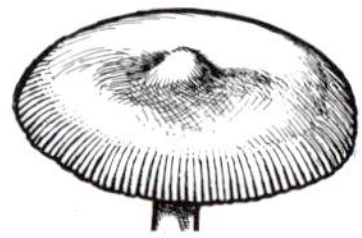

gerieft
(Beispiel Nr. 35)

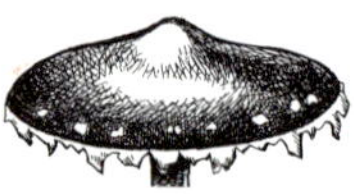

behangen
(Beispiel Nr. 38)

scharf
(Beispiel Nr. 22)

eingerollt und flaumig-flockig, typisch für einige Milchlinge

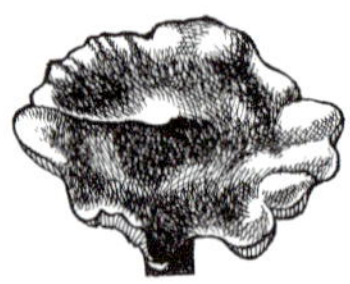

lappig verbogen
(Beispiel Nr. 22)

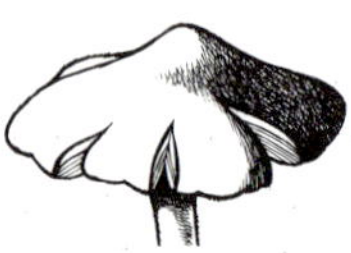

***radial** eingerissen*
(Beispiel Nr. 78)

Bei wasseraufsaugenden ***(hygrophan)*** Pilzen sind Huthaut und Hutfleisch bei feuchtem Wetter gänzlich von Wasser durchzogen; sie wirken dann farblich viel dunkler als in trockenem Zustand. Ein feucht dunkelbrauner Hut kann trocken bis lederblass (creme-ocker) ausbleichen.
Die Beschaffenheit der Hutoberfläche, selbst mit alterungsbedingten Veränderungen, ist bei einer Art immer gleich, sie wechselt also nicht, sieht aber trotzdem je nach Feuchtigkeit oder Standort (Lichtverhältnisse) unterschiedlich aus. Es ist verständlich, dass eine aufgequollene gelatinöse Schleimschicht, die zum grössten Teil aus Wasser besteht, nach dem Austrocknen kaum noch wahrnehmbar ist, dass eine zum Einreissen neigende Huthaut das nur bei trocknem Wetter tut. Deshalb, und auch aus anderen Erkennungsgründen, ist es wichtig, Pilze zuerst bei normal feuchtem Wetter zu suchen. Wenn man sie dann vom Standort her kennt, wird man sie auch in Trockenzeiten trotz stark veränderten Aussehens wiedererkennen.
Dies gehört zu den Erfahrungen, die ein Pilzfreund in vielen Jahren macht. Es gibt aber auch für den Anfänger genügend Pilze, die so auffällige und unverwechselbare Merkmale haben, dass sie sofort und sicher erkannt werden können.

Huthaut

Die Huthaut kann mit dem Fleisch verwachsen sein oder ganz oder teilweise abziehbar, das Fleisch darunter dann in ihrer Farbe getönt sein oder nicht.

abziehbar

Die Huthaut kann auf die Lamellen oder Röhren übergreifen oder diese am Rand etwas freilegen.

übergreifend
(Beispiel Nr. 12)

Lamellen freilegend
(Beispiel Nr. 49)

Die Beschaffenheit der Huthaut ist häutig-reissend, elastisch-dehnbar, knorpelig oder gummiartig-zäh.

Sie kann einerseits Wasser aufsaugen (siehe unter Hut äusserlich), bei anderen Arten wiederum Wasser auch abstossen, so dass selbst bei Regen der Pilz darunter trockenfleischig ist.

Hutfleisch
Zur Beurteilung wird der ganze Pilz in der Mitte so durchgeschnitten, dass auch der Stiel halbiert wird, der durch seine Beschaffenheit ebenfalls zur Erkennung des Pilzes beiträgt (Seite 13).
Das erste auffällige Merkmal wäre das eventuelle Verfärben des Fleisches. Bei manchen Arten tritt eine schnelle Blauverfärbung des sonst gelblichen Fleisches ein (der Pilz ***blaut,*** Beispiel Nr. 2), manche ***röten*** (Beispiel Nr. 77) oder ***gilben*** (Beispiel Nr. 39), womit die Gelbverfärbung nach Anschnitt oder Berührung gemeint ist.
Andere wieder verfärben nicht, sind jedoch in manchen Teilen verschiedenfarbig (Röhrlinge unter der Huthaut anders als im übrigen Fleisch, oder rote Farbschicht zwischen Fleisch und Röhrenschicht).
Das Fleisch kann mürbe, trocken, brüchig, hart sein, aber auch weichschwammig, elastisch, zäh, korkig oder gänzlich mit Wasser vollgesogen, so dass man den Pilz ausquetschen kann.
Bildet sich nach dem Anschnitt eine Absonderung von Flüssigkeit (farblos, hell molkenartig, weiss wie Milch, karotten- oder weinrot, auch gelblich oder lila), so haben wir mit Gewissheit einen Vertreter der Gattung ***Milchlinge*** vor uns.
Das Hutfleisch kann artbedingt dick oder dünn sein. Man bringt die Stärke des Fleisches in ein Verhältnis zur Breite der ***Lamellen*** (Seite 18) oder ***Röhren*** (Seite 20) und spricht von dickem Fleisch, wenn es die Lamellen- oder Röhrenbreite übertrifft, von dünnem Fleisch, wenn Lamellen oder Röhren breiter sind. Manchmal wird die Fleischstärke auch in Zentimetern angegeben; zu dieser Beurteilung braucht man einen gerade richtig ausgereiften Pilz (mittleres Alter).

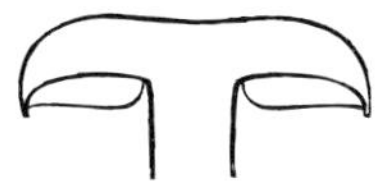

Hutfleisch dick (Beispiel Nr. 17)

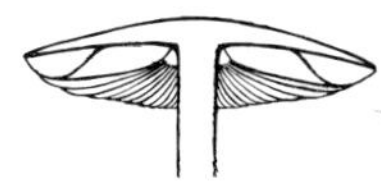

Hutfleisch dünn (Beispiel Nr. 34)

Häutig ist ein Hut, wenn nur eine (meist zähe oder knorpelige) Huthaut die Lamellen bedeckt und zusammenhält.

Hutfleisch häutig (Beispiel Nr. 30)

Hutformen
Es gibt zu den nachfolgenden Hutformen auch noch Zwischenformen, die jedoch durch ihre Bezeichnung dann schon vorstellbar sind. Die Grundformen sind:

flach gewölbt

hoch gewölbt

stumpf gebuckelt

spitz gebuckelt ***(Papille)***

kegelhütig

eingerollt

trichterförmig

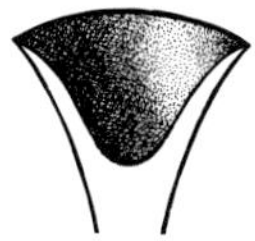

tief trichterförmig

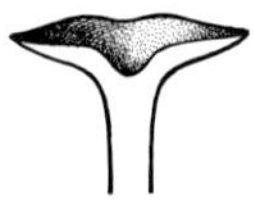

genabelt

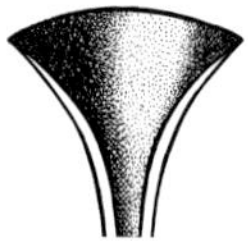

durchbohrt, trompetenförmig

Nun ist es aber durchaus möglich, dass ein Pilz während seiner Entwicklung mehrere Hutformen durchmachen kann. Ein zunächst stumpf gebuckelter kann trichterig verflachen (Beispiel Nr. 28) bei Trichterlingen, Schnecklingen usw., oder er kann in der Jugend einen stark eingerollten Rand zeigen, dann im Alter jedoch bis zur Trichterform aufschirmen (Kremplinge, Milchlinge). Das zeigt, dass zu einer Pilzbeurteilung Exemplare in mehreren Altersstufen nötig sind.

STIEL

äusserlich

Der Stiel steckt mit der Basis in der Erde (oder kommt aus Holz oder anderem ***Substrat,*** Seite 24); als Spitze bezeichnet man den Teil, der in den Hut übergeht (Seite 9).

Meistens ist der Stiel im Mittelpunkt des Hutes angewachsen ***(zentral),*** bei einigen ***Gattungen*** auch seitlich.

zentral

seitlich

Er kann mit dem Hutfleisch gleichartig verwachsen sein ***(homogen)*** oder trennbar, das heisst selbständig herausdrehbar ***(heterogen).***

Der Stiel kann einfarbig glatt sein, aber auch weisssilbrig oder in Hutfarbe fein genattert. Diese Natterung entsteht dadurch, dass beim Wachsen des Stieles ein zusammenhängender Stielüberzug zerreisst und auseinanderwächst.

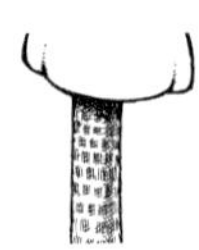

genattert

Weitere Erkennungsmerkmale sind: Befaserung, schleimiger Überzug, Seidenglanz, äussere Schicht wie Rinde, mit Myzel an der Basis flaumig-wattig bewachsen, aber auch

schuppiges Aufreissen

Gruben

farbige Gürtellinien

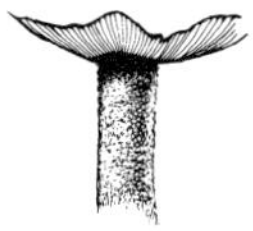

Bereifung

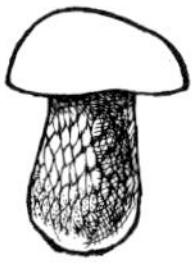

Netzzeichnung

Riefung der Stielspitze

stiefelige
Beschuppung

Längsrillen

Der Stiel kann zusätzlich aufweisen:

Ring (Seite 15)

Manschette (Seite 14)

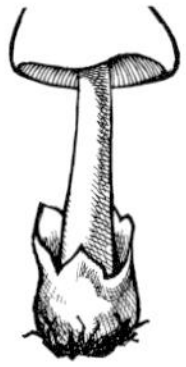

Scheide (Seite 16)

Beschaffenheit

Auch der Stiel macht bei vielen Pilzarten eine Wandlung durch. Ein beim jungen Exemplar kugelig dicker Stiel kann nach dem Strecken lang und dünn werden (zum Beispiel beim Steinpilz), oder die gleiche Pilzart kann je nach Wachstumsbedingungen einmal mit extrem dickem Stiel wachsen, ein andermal mit dünnerem (zum Beispiel der Steinpilz).
Deshalb sollen hier nur Merkmale aufgeführt werden, die gleichbleibend ***(konstant)*** sind und so auffällig, dass sie als Hilfsmittel zur Pilzbestimmung herangezogen werden können: besonders kurz, besonders lang, knorpelig (das heisst dem Druck der Finger ausweichend und kaum zu zerdrükken), sehr dünn, dabei aber steif und starr, sehr dünn und gebrechlich, fadendünn, rosshaarähnlich, fest und hart, faserig (beim Durchbrechen lange Fasern bildend), glatt brechend (Seite 22).

Stiel innen

Ausser vollfleischiger Beschaffenheit gibt es:

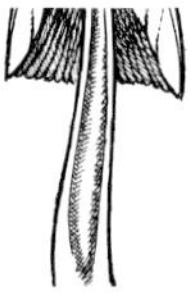

hohl

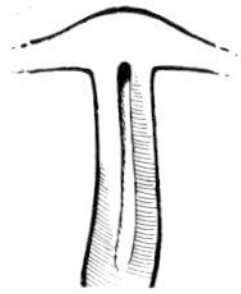

enghohl

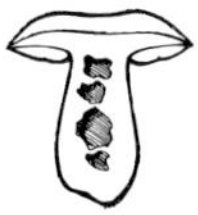

gekammert

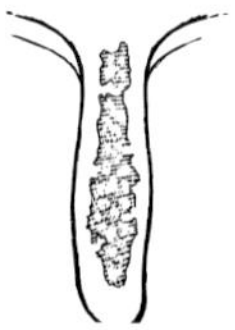

wattig ausgestopft

aufgeblasen hohl

Stielformen

Die markantesten Formen sind:

verdreht

walzenförmig

oben verjüngt

spindelig

Stielbasis

zugespitzt

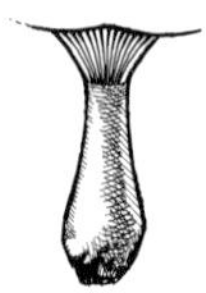

verdickt

knollig

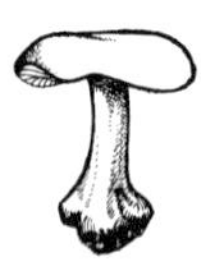

zwiebelig

abgesetzt knollig

wurzelnd

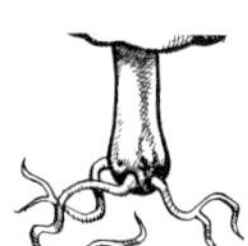

mit Myzelsträngen

TEILHÜLLE

Manschette

Bei manchen Pilzarten ist in der Jugend vom Hutrand zur Stielspitze eine (meist weissliche) Haut gespannt, die ***Teilhülle,*** die beim Ausbreiten des Hutes reisst und als Rest im oberen Drittel rings um den Stiel hängenbleibt.

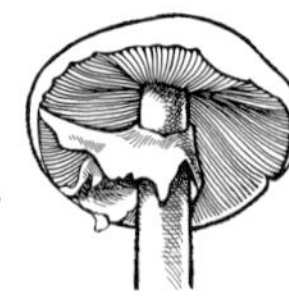

Teilhülle aufreissend (Beispiel Nr. 72)

Das ist ein typisches Erkennungsmerkmal zum Beispiel der Wulstlinge. Man spricht bei ihnen von Manschette, da wirklich die Form einer altmodischen gefältelten Blusenmanschette entsteht. Sie kann von Fall zu Fall anders beschaffen sein, ist aber in der einzelnen Art immer gleich, das heisst, ein Pantherpilz hat eine andere Manschette als ein Perlpilz, aber die Manschette ist bei allen Pantherpilzen gleich, wie sie auch beim Perlpilz immer auf ihre Weise gleich ist. Sie kann als kennzeichnendes Artmerkmal gewertet werden.

Wenn die Teilhülle beim ganz jungen Pilz den Lamellen unter dem Hut dicht aufgelegen hat, drückt sich das Mu-

Manschette mit Riefung

ster der Lamellen darauf ab und bleibt erhalten. Der Abdruck jeder Lamelle ergibt eine Rille, so dass ein entsprechendes Muster ***(Riefung)*** entsteht.
Die Teilhülle der verschiedenen Arten ist nicht von gleicher Beschaffenheit. Ist sie zäh und elastisch, bleibt sie auch am ausgewachsenen Pilz lange erhalten; ist sie hingegen zarthäutig dünn, vergeht sie und ist beim reifen Pilz oft nicht mehr vorhanden. Man spricht dann von einer flüchtigen Manschette.

Pilze mit Manschette:
Wulstlinge (Knollenblätterpilze).

Ring

Der Ring, der im oberen Drittel den Stiel umspannt, entsteht auf die gleiche Weise wie die Manschette durch die Teilhülle, die am Hutrand abreisst und als Rest am Stiel hängenbleibt. Es ist möglich, dass beim Abreissen bei manchen Arten auch ein kleiner Teil der Hülle am Hutrand verbleibt, weil die Hülle stark mit dem Hut verwachsen ist; er ist dann ***behangen.*** Das ist dann wieder ein konstantes Merkmal, das diese Pilzart kennzeichnet (Seite 13).
Der Ring kann auf unterschiedliche Weise am Stiel angeheftet sein; ist er nach oben abziehbar (die Probe zeigt es deutlich, wenn man die Ringhaut anfasst und daran zieht), heisst er auch ***hängender*** Ring, ist er nach unten abziehbar, wird er auch als ***aufsteigend*** bezeichnet.

Ring hängend (Beispiel Nr. 38)

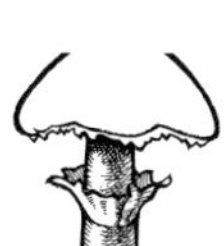

Ring aufsteigend (Beispiel Nr. 37)

Diese Probe ist bei der Bestimmung von Champignons wichtig.
Ein Ring kann auch verschiebbar sein, das heisst, rauf und runter geschoben werden (Beispiel Nr. 40), oder er fällt selbst am Stiel herab, ohne jedoch abzufallen (Beispiel Nr. 42).
Die Oberseite des Ringes kann gerieft sein vom Abdruck der jungen Lamellen, oder die Unterseite ist vielleicht sternförmig oder zahnradartig aufgespalten, was bei doppelten (zweischichtigen) Ringen vorkommt, oder die Unterseite kann Pusteln oder Flokken aufweisen. Der Ring kann auch mit Tröpfchen besetzt sein, die später eintrocknen und dann dunkle Flecken hinterlassen.

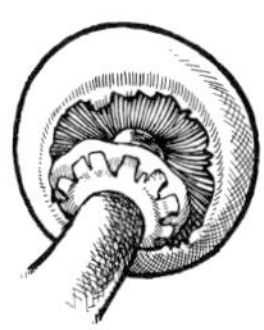

Ring sternförmig gespalten (Beispiel Nr. 39)

Ring oder Manschette mit Tröpfchen

Eine Teilhülle kann auch aus einer gelatinösen Schleimschicht bestehen und hinterlässt dann keinen ausgesprochenen Ring, sondern einen Schleimwulst um den Stiel herum, der beim alten Pilz wegtrocknet, am jungen Pilz oder im Stadium des Aufreissens gut erkennbar ist (Beispiel Nr. 11).

Pilze mit Ring:

Champignons	Schüpplinge
Schirmlinge	Zigeuner
Schleim-schirmlinge	Tintlinge
Körnchen-schirmlinge	Hallimasch
Träuschlinge	Acker-schüpplinge

Kann einerseits bei den beringten Gattungen der Ring im Alter auch fehlen (Artmerkmal), so gibt es andererseits in fast allen ringlosen Gattungen ausnahmsweise auch eine beringte Art (oder mehrere), die dann an diesem Merkmal leicht zu erkennen ist.

Ringlose Arten mit Ring
als Ausnahme:
Röhrlinge: Butterröhrling, Hohlfussröhrling, Lärchenröhrling
Ritterlinge: Beringter Ritterling
Schleimrüblinge: Beringter Schleimrübling
Faserlinge: Medusenhaupt
Düngerlinge: Ringdüngerling
Fälblinge: Wurzelnder Fälbling

Die rostbraune Faserzeichnung im oberen Stieldrittel zum Beispiel der ***Haarschleierlinge*** ist nicht als Ring zu bewerten. Es handelt sich um Rückstände der spinnwebfeinen Gesamt- und Teilhülle, in denen sich der ausfallende rostbraune ***Sporenstaub*** verfangen hat. Ein Artmerkmal, aber kein Ring.

Faserzeichnung der Haarschleierlinge (Beispiel Nr. 48)

GESAMTHÜLLE

Scheide und Hüllreste
Scheide an der Stielbasis und Hüllreste auf dem Hut stammen von dem gleichen Pilzbestandteil, von der ***Gesamthülle,*** einer (meist weisslichen) Haut, die den jungen Pilz gänzlich umschliesst, so dass er einem Ei sehr ähnelt (Beispiel Nr. 71). Mit dem Vorhandensein dieser Gesamthülle oder der Reste davon, wie Hüllreste auf dem Hut und Scheide an der Stielbasis, werden wir sofort auf die Gattung ***Wulstlinge*** (oder auch ***Knollenblätterpilze*** genannt) hingewiesen. Keine andere Gattung besitzt so eine derbe, gut sichtbare, auffällige Reste hinterlassende Gesamthülle. ***Haarschleierlinge*** besitzen eine spinnwebfeine Gesamthülle, einige auch eine elastisch-klebrige, das Kuhmaul (Nr. 16) eine glasig-durchsichtige.
Man sollte aber den Unterschied zwischen Hüllresten und ähnlich erscheinenden Schuppen auf dem Hut kennen. Die Hüllreste befinden sich zusätzlich auf der Huthaut und sind meistens abwischbar (Seite 9), während Schuppen angewachsen und ein Bestandteil der Huthaut sind. Sie entstehen durch das Grösserwerden des Hutes, wobei die Huthaut aufplatzt (Seite 9).
Die Gesamthülle der Wulstlinge hat von Art zu Art unterschiedliche Beschaffenheit, ist aber in der Einzelart immer gleichbleibend und daher ein gutes Erkennungsmerkmal. Eine derbe, elastische Gesamthülle reisst am Scheitelpunkt auf und lässt den Pilz heraus. Er hat dann keine Hüllreste auf dem Hut, dafür bleibt an der Stielbasis die komplette Gesamthülle als Scheide stehen, wie zum Beispiel bei

Scheidenstreiflingen, beim Grünen Knollenblätterpilz und beim Kegelhütigen Knollenblätterpilz.

Gesamthülle, am Scheitelpunkt aufreissend

Ist die Gesamthülle jedoch pulverig, flaumig beschaffen, so nimmt sie der Hut beim Emporwachsen gänzlich mit. Sie hat vorher nur den sehr kleinen Pilz bedeckt, etwa 2 cm Durchmesser, und befindet sich nun auf dem schon grösseren Hut, der immer mehr in die Breite wächst. Die pulverige Hülle hält nicht zusammen, sondern wird beim Ausbreiten der Hutfläche in Stücke zerrissen und bildet so die ungleich verteilten, meist hellfarbigen oder weissen Flocken oder Pusteln (auch einmal Warzen genannt, wenn sie von festerer Beschaffenheit sind), Beispiel Nr. 73.
Da die Gesamthülle auch noch unterschiedlich an der Stielbasis angewachsen ist (bei jeder Einzelart konstant), kommt es dort nach dem Abreissen zu arttypischen Rückständen, wonach man die Knollenblätterpilze gut bestimmen kann.

Bestimmung nach Scheidenresten

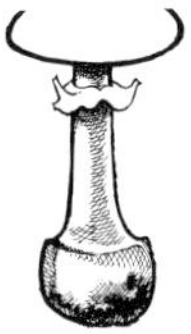

Gelblicher Knollenblätterpilz (auch weisse Form), Porphyr-Wulstling

Gerandete *Knolle*

Pantherpilz, Kammrandiger Wulstling, Zitronengelber Wulstling

Kindersöckchen (Bergsteigersöckchen)

Kegelhütiger Knollenblätterpilz

Offene, anliegende Scheide

Grüner Knollenblätterpilz (auch weisse Form)

Offene, abstehende Scheide

Fliegenpilz, Perlpilz, Grauer Wulstling

Warzengürtel

HUTUNTERSEITE

Lamellen

Bei den Hutpilzen befinden sich die ***Sporen*** (Seite 31), die notfalls mit feinsten Samen verglichen werden können, in sehr unterschiedlichen Anlagen der Hutunterseite ***(Lamellen, Leisten, Stacheln*** oder auch ***Stoppeln*** genannt, ***Röhren, Poren).*** Aus der Art der Anlage ergeben sich die ***Ordnungen*** (Seite 30), deren grösste die der Lamellenpilze ist. Lamellen (oder auch ***Blätter*** genannt, daher die Bezeichnung ***Blätterpilze)*** sind messerschneidenartige Gebilde, die wenig am Hutfleisch angeheftet und leicht ablösbar oder auch fest damit verwachsen sind.

Die Beschaffenheit der Lamellen ist je nach Art verschieden: brüchig-splitternd, weich und elastisch, weich und leicht zerdrückbar, bei Verletzung Flüssigkeit ausscheidend (weiss oder farbig), bei Feuchtigkeit Tröpfchen bildend ***(tränend).***

tränend

Die Farbe der Lamellen kann die des gesamten Pilzes sein, oder ein dunkelhütiger Pilz kann auch weissliche Lamellen haben. Helle Lamellen können sich im Alter umfärben (scheinbar), da sie dann dicht mit dem ***Sporenpulver*** (Seite 25) belegt sind, das die Farbe bestimmt. Jung weisse Lamellen können später rosa gefärbt sein bei Dachpilzen, Scheidlingen, Rötlingen. Rosa Lamellen färben sich dunkelbraun bei den Champignons, helle oder lila Lamellen rostbraun bei den Haarschleierlingen.

Bei der Bestimmung der Täublinge kommt es sehr genau auf die feinen Farbunterschiede der Sporenpulverablagerung (besser Sporenabwurf, Seite 25) zwischen weiss über creme, gelblich, gelb bis ocker an.

Die Zeichnung zeigt, wo bei einer Lamelle vorn und hinten ist.

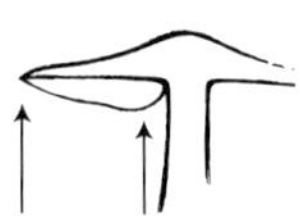

vorne hinten

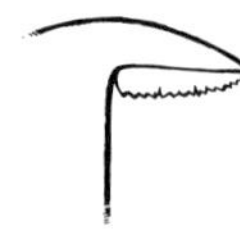

Lamellenschneide sägeblattartig gekerbt

Die ***Lamellenschneide*** kann glatt, grob oder fein sägeblattartig gekerbt sein.

Lamellen können in gleichmässiger Anordnung vom Hutrand zum Stiel verlaufen.

gleichmässig lang

Sie können aber auch regelmässig oder unregelmässig ***untermischt*** sein,

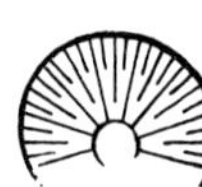

regelmässig untermischt

unregelmässig untermischt

das heisst mit kürzeren ***Lamelletten*** und längeren abwechseln.

Lamelletten

Stark untermischt heisst mit vielen kurzen durchsetzt, so dass nur wenige vom Hutrand bis zum Stiel durchgehen.
Die Breite der Lamellen wird in ein Verhältnis zur Hutfleischdicke gebracht: sie können breiter oder schmäler als diese sein.

breit

schmal

Es gibt auch besonders dicke und besonders dünne Lamellen. Von dünnen gehen sehr viele nebeneinander, das heisst dann ***dichtstehend*** oder ***dicht,*** während dicke Lamellen meist Abstände aufweisen und daher eher ***weit*** oder ***weitstehend*** sind.
Wachsen zwei Lamellen zu einer zusammen, sind sie ***gegabelt.***

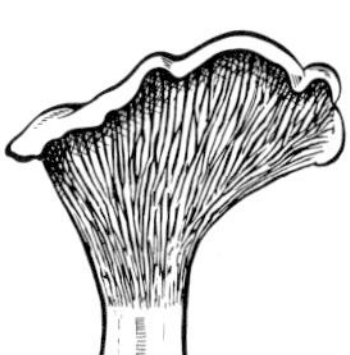

gegabelt

quergeadert

Als ***quergeadert*** oder ***anastomosierend*** bezeichnet man Lamellen des reifen Pilzes, die am Lamellenboden (wenn man in die Lücken zwischen den Lamellen hineinblickt bis ans Hutfleisch) Querfalten oder Rippen bilden.

Lamellen-Anwachsformen
Besonders ausschlaggebend ist, wie die Lamellen am Stiel angewachsen sind, ob sie schon vor dem Stiel aufhören und ihn nicht berühren ***(frei)*** oder ob sie mit einem ***Collar*** (einem kragenähnlichen Wulst) angewachsen sind. Das Collar ist erst beim ausgebreiteten Hut gut entwickelt, wie auch die Form «mit Zahn herablaufend», die um den Stiel einen ***Burggraben*** bildet, nur am flach aufgeschirmten Hut gut sichtbar ist. Breit angewachsene Lamellen sind recht häufig und bieten keinen besonderen Anhaltspunkt, während am Stiel herablaufende schon einige Gattungen einkreisen.

Wulstlinge
Scheidenstreiflinge
Scheidlinge
Schirmlinge
Champignons
Dachpilze

Lamellen frei

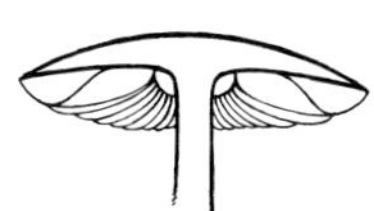

Parasolpilz
Ackerschirmling
Halsbandschwindling

mit Collar

Ritterlinge
Haarschleierlinge

mit Zahn herablaufend (Burggraben)

Täublinge
Fälblinge
Flämmlinge
Saftlinge
Schüpplinge
Träuschlinge

breit angewachsen

Trichterlinge
Kremplinge
Ältere Milchlinge
Nabelinge
Schnecklinge
Ellerlinge
Gelbfüsse
Falscher
Pfifferling
Mehlräsling

am Stiel herablaufend

Leisten

Die Leisten sehen den Lamellen recht ähnlich. Bei genauer Betrachtung und besonders im Schnitt wird man feststellen, dass sie flacher und dicker sind und weiter entfernt stehen. Ausserdem laufen sie weiter am Stiel herab und sind nicht ablösbar, sondern mit dem Fleisch verwachsen. Es gibt nicht sehr viele Leistenpilze, so dass die Arten recht schnell zu erkennen sind.

Leisten

Leistenpilze:
Pfifferlinge (mehrere Arten), Trompetenpfifferling, Schweinsohr, Herbsttrompete u. ä.

Stacheln, Stoppeln

Die Hutunterseite ist mit dornartigen, weichen oder brüchigen Gebilden besetzt, die Stacheln oder Stoppeln genannt werden.

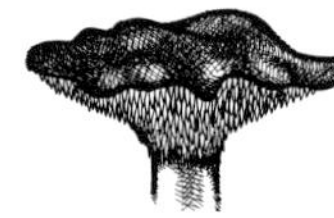

Stacheln, Stoppeln

Unter den Hutpilzen mit Stacheln gibt es Speisepilze, während die kreiselförmigen Arten mit meist korkigem Fleisch ***(Stachelinge)*** nicht essbar sind.

Stachelpilze:
Semmelstoppelpilz, Habichtspilz, Zitterzahn (Gallertstacheling).

□ Weiterführende Literatur:

R. A. Maas Geesteranus, *Die terrestrischen Stachelpilze Europas,* Verlag North-Holland Publ. Comp., Amsterdam.

Röhren

Das schwammartige Polster unter einem Pilzhut ist aus lauter sehr feinen Röhrchen zusammengesetzt. Man kann es fadenförmig auseinanderzupfen und sich dann vorstellen, dass jedes Fädchen bei starker Vergrösserung eine Röhre darstellt.

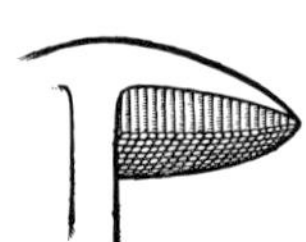

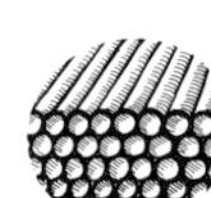

Röhren *stark vergrössert*

Die Röhre muss nicht durchweg die gleiche Farbe besitzen. Sie kann gelboliv sein und eine rote Mündung haben, so dass die Aufsicht auf so eine Röhrenschicht rot erscheint. Damit hätte man gleich die sogenannten ***Rotporer*** eingekreist. Andere Arten haben gelbliche Röhren, die auf Fingerdruck nicht verfärben, während einige auf Druck schon nach kurzer Zeit mehr oder weniger blau (blaugrün) verfärben, was als gutes Artmerkmal gewertet werden kann.

Die Röhren sind bei manchen Arten eng und ergeben dann in der Aufsicht sehr kleine Löcher, bei anderen sind sie weiter mit entsprechend grösseren Öffnungen, und in wenigen Fällen auch sehr weit, oder sie haben eckige Mündungen, wodurch der betreffende Röhrling dann recht schnell bestimmt werden kann.

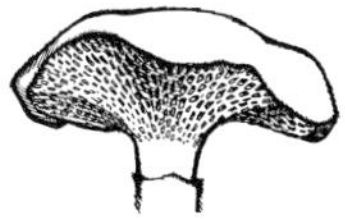

eckige Mündungen etwas am Stiel herablaufend

Das Röhrenpolster kann gleichmässig am Stiel angewachsen sein, es kann dort (den Lamellen ähnlich) auch schon vor dem Stiel aufhören und eine Rinne um die Spitze bilden, oder es kann etwas am Stiel herablaufen. Bei manchen Arten wächst die Röhrenschicht beim reifen Pilz dickpolsterförmig unter dem Hutrand hervor. Bei den meisten Röhrenpilzen ist das Polster ablösbar, bei nur wenigen mit dem Hutfleisch verwachsen.

Röhrenpilze:
Steinpilz, Rotkappe, Marone, Butterpilz, Goldröhrling u.v.a.m.

☐ Weiterführende Literatur:

Rolf Singer, *Die Röhrlinge Teil I und II,* Verlag J. Cramer, Lehre.

Michael/Hennig/Kreisel, *Handbuch für Pilzfreunde Bd. II,* Gustav Fischer Verlag, Stuttgart/New York.

Heinz Engel, *Rauhstielröhrlinge,* Engel, Weidhausen.

Heinz Engel, *Dickröhrlinge,* Herausgeber Pilzfreunde Deutschlands, Kassel e. V.

Poren

Die Porenschicht auf der Hutunterseite ähnelt bei Aufsicht zunächst der Röhrenschicht der Röhrlinge, aber bei genauer Betrachtung und besonders im Schnitt sieht man, dass die Schicht dünner ist und nicht ablösbar, sondern mit dem Hutfleisch verwachsen.

Oft sind die Porenöffnungen nicht gleichmässig gross, manchmal läuft die Schicht etwas oder weit am Stiel herab.

Poren am Stiel herablaufend

Unter den Hutpilzen mit Poren gibt es essbare gute Arten, aber auch die korkigen bis holzigen ungeniessbaren Auswüchse an Bäumen gehören in diese Familie.

Porenpilze:
Ziegenfussporling, Semmelporling, Schafsporling.

☐ Weiterführende Literatur:

H. Jahn, *Mitteleuropäische Porlinge,* Verlag J. Cramer, Lehre.

Michael/Hennig/Kreisel, *Handbuch für Pilzfreunde Bd. II,* Gustav Fischer Verlag, Stuttgart/New York.

INNERER AUFBAU DES HUTPILZES

Form des Zellgewebes

Dieses Kurzkapitel zeigt, dass bei den Lamellenpilzen allein durch den unterschiedlichen Aufbau des Pilzfleisches eine Aufteilung in zwei grosse Gruppen erfolgt, wodurch wir unserem Ziel, möglichst eine Gattung einzukreisen, um darin die Einzelart zu finden, schon sehr viel näher gebracht werden. Die Zugehörigkeit zu dieser oder jener Gruppe kann man ohne Hilfsmittel gleich nach dem Aufnehmen des Pilzes prüfen: Entweder der Pilz kann zerfasert werden oder nicht.

Der Grossteil der Pilze ist aus länglichen, eng verwobenen Zellen aufgebaut. Das bedeutet, wenn der Stiel durchgebrochen werden soll, spaltet er sich faserig auf, oder man kann Fasern aus dem Stielfleisch herauszupfen.

lange Zellen

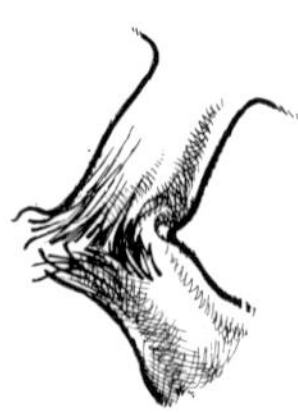

faseriger Bruch

rundliche Zellen

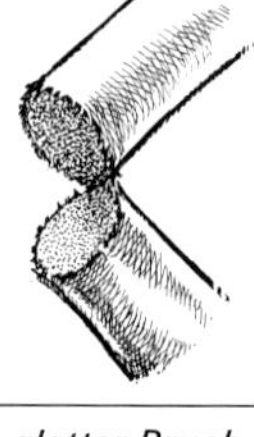

glatter Bruch

Die andere Gruppe besitzt hingegen rundliche Zellen. Die Probe zeigt, der Stiel lässt sich glatt brechen (glatter Bruch) ohne aufzufasern, und es lassen sich keine Fasern aus dem Stielfleisch zupfen.

Das Fleisch dieser Pilze ist brüchig und spröde, daher heisst diese Gruppe die ***Sprödblättler*** (spröde Blätterpilze). Es gehören dazu die Täublinge und die Milchlinge.

Nun braucht man, falls die Probe einen Sprödblättler ergeben hat, nur noch festzustellen, zu welcher dieser beiden Gattungen der Pilz gehört: Tritt bei Verletzung eine Absonderung hervor (farblos, weiss oder farbig), so handelt es sich um einen Milchling. Ist das Fleisch trocken, haben wir einen Täubling. Diese Probe sollte wieder bei normal feuchtem Wetter vorgenommen werden, bis man genügend Erfahrung hat, denn Milchlinge können bei extremer Trockenheit so stark austrocknen, dass keine Absonderung wahrnehmbar ist.

Durch die rundliche Zellenstruktur bedingt, sind besonders bei den Täublingen (mit wenigen Ausnahmen) die Lamellen sehr spröde und brüchig. Beim Darüberstreifen mit dem Fingernagel splittern sie ab.

ZUSÄTZLICHE ERKENNUNGSMERKMALE

Geschmack

Kennen wir nun den Pilz von aussen und innen, so bieten sich noch weitere Anhaltspunkte zur Bestimmung, zum Beispiel der Geschmack. Es wäre aber sinnlos und gefährlich, wahllos jeden Pilz zu probieren; das bringt nichts und würde bei den giftigsten Pilzen (Grüner Knollenblätterpilz und Kegelhütiger Knollenblätterpilz) bereits zu einer Vergiftung führen. Wenn wir einen Pilz roh probieren, dann nur, um ihn von einem sehr ähnlichen unterscheiden zu können. Je öfter die sinnvolle Geschmacksprobe geübt wird, desto erfolgreicher kann sie bei der Bestimmung eingesetzt werden.
Roh probieren heisst aber nicht, ein Stück vom Pilz abbeissen und aufessen. Das könnte bei einem falschen Pilz auch bereits zu Unbekömmlichkeit führen. Vielmehr nimmt man nur ein ganz kleines Stück, kaut es mit den Vorderzähnen recht lange und behält es dort, um mit der Zunge zu fühlen, wie die Reaktion ist. Brennt oder beisst es auf der Zungenspitze, dann ist der Pilz scharf, und die Pilzprobe wird ausgespuckt. Auch bei in Pilzbüchern als leicht giftig oder roh giftig angegebenen Arten ist diese Probe nicht schädlich. Spürt man das Brennen auf der Zunge, so muss unterschieden werden zwischen leicht scharf, sehr scharf, unerträglich scharf, kurz oder anhaltend scharf, nach sofortigem oder erst später einsetzendem Brennen.
Ein weiteres Bestimmungsmerkmal wäre Bitterkeit. Der Pilz brennt dann nicht auf der Zunge, sondern er besitzt einen Geschmack. Es gibt Menschen, die Bitterkeit nicht schmecken können. Ob Sie dazugehören, lässt sich leicht durch eine Probe am Gallenröhrling zum Beispiel feststellen, der zu unseren bittersten Pilzen gehört.
Einige Pilzarten (zum Beispiel der Hallimasch) wirken hinten im Mund, im Rachenraum, zusammenziehend.
Milchsaft wird durch vorsichtiges Anlecken probiert, um auf eine Reaktion zu warten.
Jede Probe, selbst die von milden Pilzen, muss ausgespuckt werden, da auch viele Speisepilze roh giftig sind.
Zur Geschmacksneutralisierung zwischen wiederholten Proben eignet sich ein Stück Wasserbrötchen, das gekaut und ebenfalls ausgespuckt wird. Selbst scharfes Brennen lässt sich so rasch beheben.

Geruch

Die vielen Geruchsmöglichkeiten bieten noch mehr Anhaltspunkte als der Geschmack. Wer einen gut ausgeprägten Geruchssinn besitzt, wird den in einer Pilzbeschreibung erwähnten Geruch bestätigen können (vorausgesetzt, er hat den richtigen Pilz) und später den Pilz selbst daran erkennen. Der Geruch ist manchmal ausschlaggebend für das sofortige Erkennen eines Pilzes gleich beim Aufnehmen.
Es gibt folgende Duftnoten: Anis, Bittermandel, Fenchel, Honig, Dörrobst, Kokosflocken, Mehl, Gurke, Kakao, Sellerie, Rettich, Rüben, Maggi, Obst, Stachelbeerkompott, Hering, Seifenlauge, Kartoffelkeime, Weihrauch, Geranien, Lärchensporn, Lavendel, Knoblauch, Juchtenleder, Jodoform, Karbol, Blattwanzen, ranzig-tranig, aasartig, nitrös, erdig, staubig, süsslich.
Bei kaltem Wetter kann der Geruch sehr schwach ausgeprägt sein. Dann behält man den Pilz einige Zeit in der

warmen Hand, oder man haucht ihn mehrfach an, und er wird seinen Duft entwickeln. Sehr feuchte oder sehr trockene Exemplare können ebenfalls an Geruch eingebüsst haben, weshalb der Anfänger seine Versuche bei normaler Feuchtigkeit anstellen sollte, das heisst, wenn die Pilze saftig und frischfleischig sind.
Zu bedenken ist, dass in Ausnahmefällen der Geruch, obwohl er zu dem Pilz gehört, auch einmal völlig fehlen kann. Dieses Fehlen macht dann eine Variation aus dem gefundenen Pilz zu dem von Natur aus duftenden. (Beispiel: Zu dem stark nach Anis duftenden Aniszähling gibt es eine geruchlose Art var. inolens.)

Erscheinungsform

Jede Pilzart hat ihre eigene Art und Weise, an ihrem Standort zu erscheinen, das heisst, manche wachsen einzeln, mal hier einer, mal dort einer; andere kommen ***gesellig,*** also in Gruppen; dann welche in Reihen und Kreisen. Ein ***Hexenring*** ist nichts anderes als ein nach aussen hin zunehmendes Myzelwachstum, während in der Mitte die Pilzpflanze abgestorben ist. Im Laufe der Jahre wächst dieser Kreis zunehmend, und wenn er nicht auf Hindernisse stösst, kann er kreisrund und sehr gross werden. Wenn Pilze – meist sind es sehr kleine – dicht wie gesät stehen, nennt man das ***rasig. Büschelig*** ist, wenn mehrere Stiele aus einem Strunk kommen oder am Grunde zusammengewachsen sind, was oft bei den Schüpplingen der Fall ist. ***Geballt*** wachsen Raslinge, nämlich zu vielen an den fleischigen Stielen miteinander verschmolzen. ***Wurzelnde*** Pilze besitzen unter der Erde einen wurzelähnlichen Fortsatz an der Stielbasis (Seite 14), der kräftig oder dünn bis zu 30 cm lang sein kann, wenn der Pilz zum Beispiel auf vergrabenen Ästen wächst, die von einer dikken Erdschicht bedeckt sind (Beispiel Saitenstieliger Knoblauchschwindling).

Substrat

Pilze besitzen kein Blattgrün ***(Chlorophyll)*** und können daher nur auf pflanzlichen und tierischen Stoffen wachsen, die sie aber nicht ausschliesslich in der Erde finden. Je nach Art (und das konstant) finden wir Pilze auf totem Holz, faulenden Blättern, Tannennadeln, Zapfen von Kiefern, Fichten, Tannen und Erlen, auf Schalen von Eicheln, Kastanien und Bucheckern, auf Pferdemist und Kuhfladen, auf Federn, toten Wespen, Puppen von Schmetterlingen, an Stielen von Pflanzen und lebenden Bäumen, aber auch auf frischen und alten Pilzen selbst. Wohlgemerkt, richtige Pilzfruchtkörper und nicht etwa die vielen Schad- und Schimmelpilze, die überall wachsen können. Pilze auf totem ***Substrat*** sind Fäulnisbewohner ***(Saprophyten),*** an lebenden Pflanzen Schmarotzer ***(Parasiten).***

Standort

Wo die Pilze wachsen, der Standort also, ist wichtig für die Erkennung einer Art, und der Pilzfreund hilft sich selbst, wenn er alles gut beobachtet und gleich notiert. Die meisten Pilze sind von bestimmten Bäumen abhängig beziehungsweise die Bäume von ihnen, da die Pilzpflanze in der Lage ist, Nährstoffe aus dem Boden zu erschliessen und an ihren Begleitbaum weiterzugeben ***(Mykorrhiza).*** So eine Lebensgemeinschaft wird auch ***Symbiose*** genannt.
Bei Kiefern: Körnchenröhrling, Grünling, Frostschneckling, Kupferroter Gelbfuss, Kiefernzapfenrübling.

Bei Fichten: Natternstieliger Schneckling, Riesenchampignon, Trompetenpfifferling, Safranschirmling, Schornsteinfeger, Fichtenreizker, Kleiner Waldegerling.
In Laubwäldern: Pfeffermilchling, Austernseitling, Stockschwämmchen, Breitblättriger Rübling, Anhängselröhrling, Königsröhrling, Netzstieliger Hexenröhrling, Leberreischling.
Bei Birken: Birkenpilz, Rotkappe, Birkenreizker, Kleiner Duftmilchling.
Bei Erlen: Erlenmilchling, Erlengrübling, Erlenkrempling, Erlenschnitzling.
Bei Lärchen: Lärchenröhrling, Lärchenritterling, Goldröhrling, Lärchenreizker, Gefleckter Gelbfuss, Zierlicher Gelbfuss.
Bei Weiden: Beringter Ritterling.
Bei Hasel: Perlblättriger Milchling.
Bei Espen: Espenrotkappe.

Bodenunterschiede

Manche Arten stellen weitere Ansprüche. Sie gedeihen nur dort, wo Kalk im Boden ist. Wenn man keine entsprechende Karte besitzt, erkennt man das Kalkvorkommen an den dort wachsenden Pflanzen (Seidelbast, Herbstzeitlose, Tollkirsche, Rote und Schwarze Heckenkirsche) oder an einigen Pilzen, die man bereits kennt: Morcheln, Blutreizker (Lactarius deterrimus), Netzstieliger Hexenröhrling, Satansröhrling. Andere Arten wieder bevorzugen saure Böden, die am Vorkommen von Heidelbeeren zu erkennen sind.

Erscheinungszeit

Mit grosser Zuverlässigkeit kommen die Pilze je nach Art in jedem Jahr zur gleichen Zeit (wenn sie kommen und nicht pausieren). Es gibt höchstens Verschiebungen um ein paar Tage, die auf Witterungsverhältnissen beruhen.

SPORENSTAUB

Gewinnung von Sporenstaub

Für den Pilzbestimmungsschlüssel in vielen Büchern ist die Farbe des ***Sporenstaubes*** der Ausgangspunkt. Um sie beurteilen zu können, muss eine grössere Menge Sporenstaub gewonnen werden, was aber eher Spass als Mühe macht. Es wird ein gut entwickelter Pilz mittleren Alters gewählt (junge besitzen noch nicht genügend ausgereifte Sporen, und alte haben bereits alle abgeworfen), der Stiel dicht unter dem Hut abgeschnitten und der Hut mit den Lamellen (oder den Röhren) nach unten auf reinweisses Papier gelegt. Darüber stellt man ein Glas, damit die zum Sporenabwurf nötige Feuchtigkeit erhalten bleibt, und wartet ein paar Stunden. Danach erkennt man nicht nur die Sporenstaubfarbe, sondern wird auch durch ein naturgetreues Abbild der Lamellenanordnung überrascht. In einem durchsichtigen Plastikschächtelchen aufbewahrt, kann dieses Sporenbild auch zu späteren vergleichsweisen Untersuchungen bei Täublingen dienen. Manchmal kann die Sporenstaubfarbe sofort am Standort erkannt werden, wenn aus grösseren Pilzen die Sporen auf die darunter wachsenden kleineren gefallen sind und deren Hüte in dikker Schicht bedecken (Beispiel Nr. 34). Durch mikroskopische Untersuchungen einzelner Sporen ist der Farbwert nicht festzustellen.

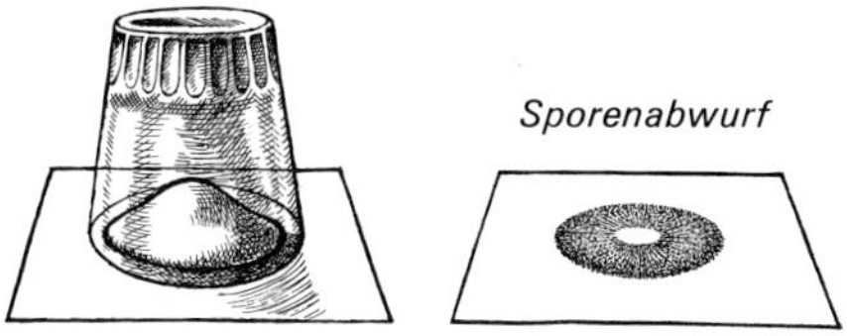

Sporenstaub-Farbskala der häufigsten Grosspilze

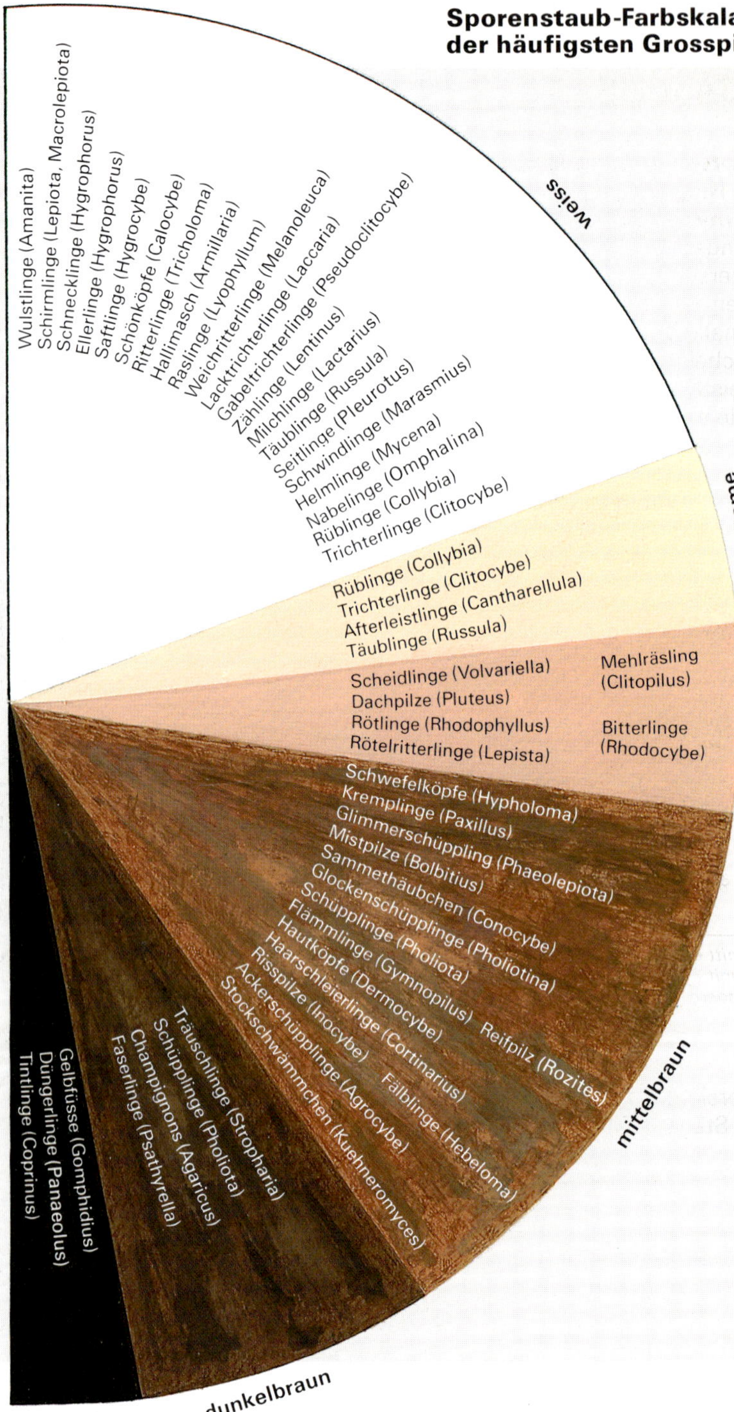

STÄNDERPILZE

Sporen an Ständern

Die Hutpilze sind Ständerpilze ***(Basidiomyceten),*** weil ihre Sporen an Ständern (Basidien) heranreifen. Untersucht man mit dem Mikroskop einen winzig kleinen Abschnitt einer Lamelle, Leiste, Röhre, Pore oder eines Stachels, so findet man die Sporen (meistens 4, seltener 2) am rundlichen Ende von Ständern angeheftet.

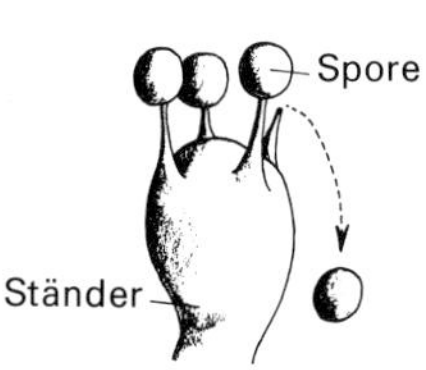

Ständer mit Sporen, stark vergrössert

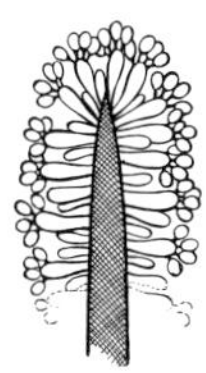

Schnitt einer Lamelle oder Leiste mit Sporen an Ständern, vergrössert

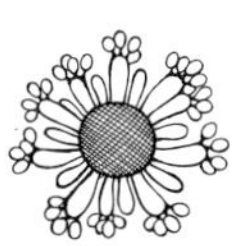

Schnitt eines Stachels mit Sporen an Ständern, vergrössert

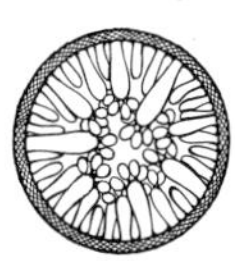

Schnitt einer Röhre mit Sporen an Ständern, vergrössert

Übersicht
der Ständerpilze Seite 29

NICHTHUTPILZE

Formen

Die Nichthutpilze haben keinen ausgesprochenen Hut und Stiel, sondern sind vielgestaltig und recht leicht zu erkennen, weil fast jede Art eine andere Form oder Farbe aufweist. Viele von ihnen sind essbar und sehr gut, manche sind geschmacklos, eignen sich aber als interessante Sauceneinlage oder als Farbtupfer in einer Mischung von Essigpilzen. Einige sind ungeniessbar beziehungsweise giftig.

Keule

Becherpilz

Zunge

Ohrenpilz

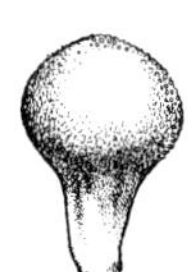

Bovist

Erdstern

Morchel

Lorchel

Koralle

Krause Glucke

Tiegelteuerling

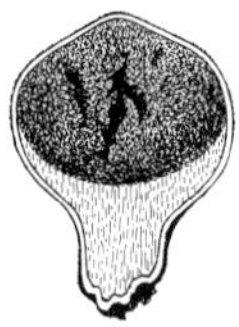

Sporenmasse im Innern eines Bauchpilzes

SCHLAUCHPILZE

Sporen in Schläuchen
Ein grosser Teil der Nichthutpilze sind Schlauchpilze ***(Ascomyceten),*** das heisst, die Sporen reifen in Schläuchen (Asci) heran.

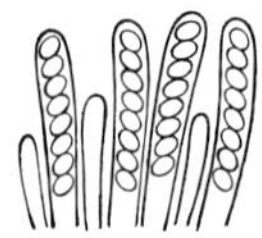

Sporen in Schläuchen (stark vergrössert)

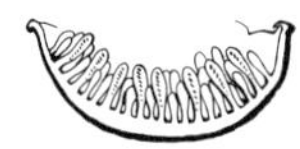

Becherling mit Sporenschläuchen (vergrössert)

Die ***Fruchtschicht*** überzieht die Innenseite der Becher und Öhrlinge, die Aussenseite der Morcheln, Lorcheln und Zungen. Übersicht der Schlauchpilze Seite 29.

Schlauch- und Ständerpilze
Die Zeichnung auf Seite 29 zeigt eine sehr vereinfachte Übersicht der Schlauch- und Ständerpilze. Die Ständerpilze werden darüber hinaus in unterschiedliche Fruchtlager (Ordnungen) aufgeteilt.

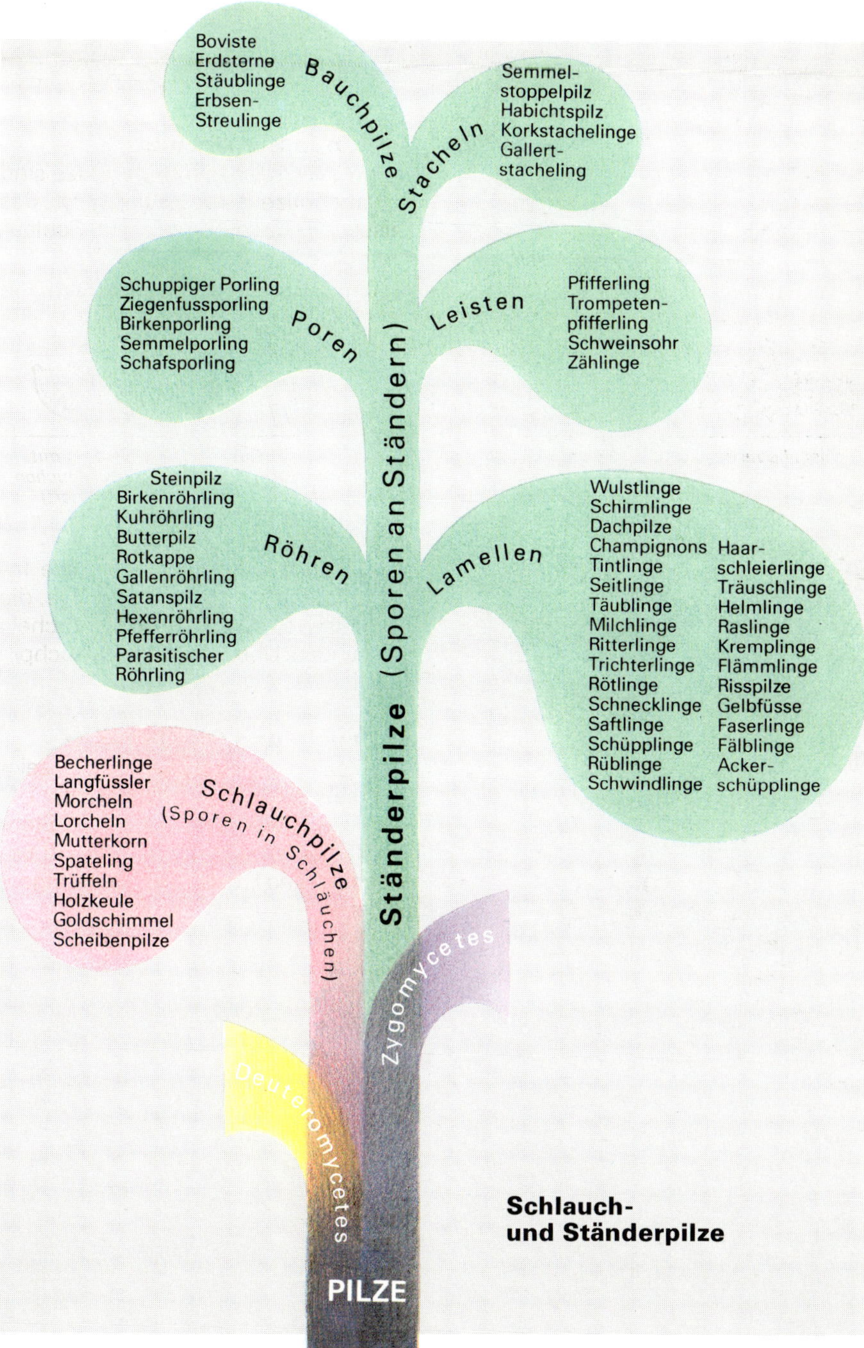

Schlauch- und Ständerpilze

PILZKUNDE

Das System der Pilze

Es gibt ganze Bücher über das System der Pilze und viele verschiedene Auffassungen über Unterteilungen und Aufspaltungen. Da in diesem Buch dem Anfänger hauptsächlich verständlich gemacht werden soll, wo die «Art» steht, von der im Text oft gesprochen wird, erfolgt die Darstellung des Systems im einfachsten Grundriss. Es geht daraus hervor, dass die Art der praktisch gefundene Einzelpilz selbst ist, der dann theoretisch in seine Gattung, Familie, Ordnung und Klasse eingereiht werden kann.

Die Pilze stellen in der Pflanzenwelt eine ***Abteilung*** dar.

Die nächste Unterteilung richtet sich nach den Merkmalen der Sporenentwicklung; man nennt sie die ***Klasse.*** Nebst für den Anfänger belanglosen weiteren Sporenentwicklungsmöglichkeiten unterscheidet man Ständerpilze, bei denen die Sporen an Ständern heranreifen, und Schlauchpilze, wo sich die Sporen in Schläuchen entwickeln.

Durch unterschiedliche Fruchtlager (Röhren, Poren, Leisten, Stacheln, Lamellen, Innenfruchtlager) wird die ***Ordnung*** gebildet.

Diese beinhaltet unter der Bezeichnung ***Familie*** Pilzgruppen mit gleichen Grundmerkmalen. Zum Beispiel Freiblättler mit Gesamthülle und weissem Sporenstaub sind Wulstlingsartige (Amanitacéae), Freiblättler nur mit Teilhülle und verschiedenfarbigem Sporenstaub in Creme, Rosa und Braun sind Schirmlingsartige (Agaricacéae) usw.

Als nächstes folgt dann die ***Gattung,*** die die gleichen Gruppenmerkmale besitzt, zum Beispiel äusserlich: Freiblättler + Teilhülle + purpurbrauner Sporenstaub = Champignons, oder eine Pilzgruppe mit sprödem Fleisch = Täublinge, oder eine mit sprödem Fleisch und Flüssigkeitsabsonderung = Milchlinge.

Jeder Pilz aus dieser Gattung mit nur ihm eigenen speziellen Merkmalen (äussere oder innere Beschaffenheit, Geruch, Sporenform oder -grösse usw.) ist die ***Art.***

Sind kleine, aber konstante Abweichungen von der normalen Art vorhanden, kann es sich um eine Variation der Art handeln, im lateinischen Namen mit var. abgekürzt (gesprochen variétas).

□ Weiterführende Literatur:

H. Haas, *Pilze Mitteleuropas,* Franckh-Kosmos Verlag, Stuttgart.

Michael/Hennig/Kreisel, *Handbuch für Pilzfreunde Bd. VI,* Gustav Fischer Verlag, Stuttgart/New York.

E. Müller/W. Loeffler, *Mykologie,* Verlag Georg Thieme, Stuttgart.

FORTPFLANZUNG DER PILZE

Durch Sporen und Pflanze

Die Sporen, von denen Hunderttausende bis Millionen an jedem Pilz heranreifen, können zur Bildung einer Pilzpflanze führen. Sie werden bei ihrer Reife von dem Sporenständer abgeworfen beziehungsweise aus dem Schlauch ausgestossen und vom Lufthauch davongetragen. Gelangen Sporen an einen Ort, der alle ihre Ansprüche erfüllt (Begleitbäume und -pflanzen, Bodenbeschaffenheit, Höhenlage, Grundwasserstand, Feuchtigkeit, Wärme usw.), und ist dieser Platz noch nicht mit anderen Pilzen besetzt, die sich gegen Neuansiedler wehren, so bilden sie dort neue Zellen. Trifft eine männliche Zelle auf eine weibliche der gleichen Art, so entsteht – artbedingt langsam oder schnell – eine Pilzpflanze ***(Myzel),*** die zur entsprechenden Zeit Pilzfruchtkörper bringt.

Dieses Myzellager kann bei manchen Pilzen schnell wieder absterben, bei anderen überdauert es hundert Jahre und mehr.

Die unterirdische Pflanze vermehrt den Pilzbestand, da sie in den Randpartien weiter wächst, wenn das umgebende Substrat ihren Bedürfnissen entspricht. Jedoch auch diese kräftige und so geschützt liegende Pilzpflanze kann geschädigt werden, wenn Veränderungen an ihrem Standort vorgenommen werden (Senkung des Grundwasserspiegels durch Entwässerungsgräben oder Strassenbau im Walde, Düngung oder Spritzen mit chemischen Mitteln, Heranwachsen zu dichten Unterholzes, Fällen von Bäumen usw.).

□ Weiterführende Literatur:

Müller/Loeffler, *Mykologie,* Thieme-Verlag, Stuttgart.

WEITERFÜHRENDE LITERATUR

Allgemein:

Michael/Hennig/Kreisel, *Handbuch für Pilzfreunde, Band I–VI,* Gustav Fischer Verlag, Stuttgart/New York.

Meinhard Moser/Walter Jülich/Cuno Furrer-Ziogas, *Farbatlas der Basidiomyceten,* Gustav Fischer Verlag, Stuttgart/New York.
Farbfotos, Einzelblätter in Sammelmappen.

J. Breitenbach/F. Kränzlin, *Pilze der Schweiz, Band 1–3,* Verlag Mykologia, Luzern.
Farbfotos, ausführliche Texte, Mikrozeichnungen; wird fortgesetzt.

Roger Phillips, *Der Kosmos Pilzatlas,* Franckh-Kosmos Verlag, Stuttgart.

J. E. Lange und M. Lange, *600 Pilze in Farben,* BLV Verlagsgesellschaft, München.
Farbzeichnungen, 600 Pilze mit Kurztext, Pilzbestimmungsschlüssel nach Sporenstaubfarbe.

Hans Haas/Heinz Schrempp, *Pilze in Wald und Flur,* Kosmos-Verlag, Stuttgart.
112 Farbfotos, am natürlichen Standort aufgenommen, erläuternder Text.

Hans Haas/Heinz Schrempp, *Pilze, die nicht jeder kennt,* Kosmos-Verlag Stuttgart.
112 Farbfotos, am natürlichen Standort aufgenommen, erläuternder Text.

Bruno Cetto, *Enzyklopädie der Pilze, Band 1–5,* BLV Verlagsgesellschaft, München/Wien/Zürich.

Rose Marie Dähncke, *200 Pilze,* AT Verlag, Aarau/Stuttgart.
180 Pilze für die Küche, 20 giftige und ungeniessbare Pilze. Das Buch für den Speisepilzsammler.

Rose Marie Dähncke, *1200 Pilze in Farbfotos,* AT Verlag, Aarau/Stuttgart.
1200 Grossfotos mit genauer Wiedergabe der markanten Pilzmerkmale, mikroskopische Angaben; Standardwerk für Pilzfreunde.

Industrielle Verwertung:

Werner Bötticher, *Technologie der Pilzverwertung,* Verlag Ulmer, Stuttgart.
Verarbeitung der Pilze in der Industrie, chemische Zusammensetzung der Pilze, Inhaltsstoffe, Kalorien, lebensmittelrechtliche Bestimmungen.

Pilzbestimmung:

H. Gams, *Kleine Kryptogamenflora,* W. Jülich, Band II b/1, *Basidiomyceten 1. Teil,* Verlag Fischer, Stuttgart.
Bestimmungsschlüssel der Ständerpilze, die weder Röhren noch Lamellen besitzen (zum Beispiel Stachelpilze, Leistenpilze, Korallen usw.). Keine Fotos, viele Zeichnungen.

H. Gams, *Kleine Kryptogamenflora,* M. Moser, Band II b/2, *Basidiomyceten 2. Teil,* Die Röhrlinge und Blätterpilze, Verlag Fischer, Stuttgart.
Bestimmungsschlüssel aller Röhrlinge und Blätterpilze, mikroskopische Angaben, chemische Reaktionen, keine Fotos, viele Zeichnungen.

Pilzwissenschaft:

E. Müller/W. Loeffler, *Mykologie,* Verlag Georg Thieme, Stuttgart.
Grundriss für Naturwissenschaftler und Mediziner, Zeichnungen.

Fremdsprachenübersetzung:

Karl Berger, *Mykologisches Wörterbuch,* Gustav Fischer, Jena.
3200 pilzkundliche Begriffe in 8 Sprachen: deutsch, englisch, französisch, spanisch, lateinisch, tschechisch, polnisch, russisch.

Arbeiten mit Reagenzien:

A. Meixner, *Chemische Farbreaktionen von Pilzen,* Verlag J. Cramer, Lehre.
Enthält Tabellen über die chemischen Reaktionen verschiedener Reagenzien an den häufiger vorkommenden Pilzen.

Täublinge:

Julius Schaeffer, *Russula-Monographie,* Verlag J. Cramer, Lehre.
Führendes Täublingswerk, gezeichnete farbige Abbildungen, sehr ausführlicher Text, mikroskopische Angaben, chemische Reaktionen.

Michael/Hennig/Kreisel, *Handbuch für Pilzfreunde, Band V,* Gustav Fischer Verlag, Stuttgart/New York.
Etwa 100 gezeichnete farbige Abbildungen mit ausführlichem Text, mikroskopische Angaben, chemische Reaktionen. Besonderheit: enthält den Täublingsschlüssel nach Romagnesi. Im gleichen Band die Milchlinge.

A. Marchand, *Champignons du nord et du midi, Band 5,* Eigenverlag, Perpignan, Frankreich.
100 Farbfotos bekannter und auch seltener Arten, Text in französischer Sprache.

Milchlinge:

Walther Neuhoff, *Die Milchlinge,* Verlag J. Cramer, Lehre.
Führendes Werk mit sehr ausführlicher Beschreibung, mikroskopische Angaben, chemische Reaktionen. Extramappe mit 20 grossformatigen Farbtafeln mit gezeichneten Abbildungen aller Milchlinge.

Michael/Hennig/Kreisel, *Handbuch für Pilzfreunde, Band V,* Gustav Fischer Verlag, Stuttgart/New York.
66 gezeichnete farbige Abbildungen, ausführlicher Text, mikroskopische Angaben, chemische Reaktionen. Im gleichen Band befinden sich die Täublinge.

A. Marchand, *Champignons du nord et du midi, Band 6,* Eigenverlag, Perpignan, Frankreich.
83 Farbfotos von Milchlingen, Text in französischer Sprache.

Röhrlinge:

Rolf Singer, *Die Röhrlinge, Teil I und Teil II,* Verlag J. Cramer, Lehre.
In zwei Büchern werden die Röhrlinge ausführlich beschrieben, mikroskopische Angaben, chemische Reaktionen. In zwei Extramappen 40 grossformatige Farbtafeln mit gezeichneten Abbildungen aller Röhrlinge, 7 Schwarzweiss-Tafeln.

Heinz Engel, *Rauhstielröhrlinge,* Eigenverlag, Weidhausen bei Coburg.
Nach dem neuesten Stand werden 18 Rauhstielröhrlinge beschrieben und durch gute Farbzeichnungen abgebildet.

Heinz Engel, *Dickröhrlinge,* Eigenverlag, Weidhausen bei Coburg.
33 Röhrlinge der Untergattung Boletus werden vorgestellt.

Haarschleierlinge:

Meinhard Moser, *Die Gattung Phlegmacium,* Verlag J. Cramer, Lehre.
Führendes Werk über die Gattung Phlegmacium (Schleimköpfe, Dickfüsse), ausführliche Beschreibung. In Extramappe 32 grossformatige Farbtafeln mit gezeichneten Abbildungen von 190 Arten.

Risspilze:

J. Stangl, *Die Gattung Inocybe in Bayern,* Verlag der Gesellschaft Hoppea, Regensburg.

Porlinge:

H. Jahn, *Mitteleuropäische Porlinge und ihr Vorkommen in Westfalen,* Verlag J. Cramer, Lehre.
Führendes Werk über Porlinge mit Bestimmungsschlüssel und einigen Schwarzweiss-Abbildungen.

Stachelpilze:

R. A. Maas Geesteranus, *Die terrestrischen Stachelpilze Europas,* Verlag North-Holland Publ. Comp., Amsterdam.
131 gezeichnete Farbdarstellungen, Text in deutscher und englischer Sprache.

Pilze an Holz:

Hermann Jahn, *Pilze, die an Holz wachsen,* Verlag Bussesche Verlagshandlung, Herford.
222 Arten in Farbfotos, Benennung von 72 Holzgewächsen mit lateinischem Namen.

Manfred Enderle/Hans E. Laux, *Pilze auf Holz,* Kosmos-Verlag, Stuttgart.
112 Arten in Farbfotos.

Schlauchpilze:

R. W. G. Dennis, *British cup fungi and their allies,* Verlag B. Quartich, London.
40 Farbseiten, 20 Seiten schwarweiss, Text in englischer Sprache.

J. Breitenbach/F. Kränzlin, *Pilze der Schweiz, Band I, Ascomyceten,* Eigenverlag.
390 Schlauchpilze mit Beschreibungen und Mikroskopzeichnungen.

ERLÄUTERUNG VON FACHAUSDRÜCKEN

Auf der angegebenen Seitenzahl wird das entsprechende Thema ausführlich behandelt.

19 ***anastomosierend*** (Lamellen): quer miteinander verwachsen.

30 ***Art:*** Pilz, den wir finden als Endglied des Systems.

28 ***Ascomyceten:*** Pilze, bei denen die Sporen in Schläuchen (Ascus, Asci) heranreifen.

15 ***aufsteigend*** (Ring): Ring, der nach unten abgezogen werden kann.

27 ***Basidiomyceten:*** Pilze, bei denen die Sporen an Ständern (Basidien) heranreifen.

15 ***behangen*** (Hutrand): von Fetzen der Teilhülle besäumt.

9 ***bereift:*** wie mit zartem, weissem Staub bedeckt (Pflaumen)

17 ***Bergsteigersöckchen:*** Stielbasis des Pantherpilzes. Es sieht aus, als wäre der Stiel in die Knolle hineingestülpt.

18 ***Blätter:*** siehe Lamellen.

18 ***Blätterpilze:*** Pilze mit ***Lamellen*** (siehe dort).

11 ***blauen:*** Röhren oder Pilzfleisch zeigen nach Druck oder Verletzung Blauverfärbung.

19 ***Burggraben:*** Rinne um den Stiel herum, zum Beispiel bei Ritterlingen, die durch die mit Zahn herablaufenden Lamellen entsteht.

24 ***büschelig:*** viele Pilzstiele kommen aus einem gemeinsamen Strunk oder sind doch fast in der Basis zusammengewachsen. Meistens Holzbewohner.

24 ***Chlorophyll:*** Blattgrün der Pflanzen.

19 ***Collar*** (Lamellen): kragenähnlicher Wulst, der mit den freien Lamellen verwachsen ist. Gut sichtbar am reifen Parasolpilz.

19 ***dicht, dichtstehend:*** sehr enge Anordnung der Lamellen nebeneinander.

13 ***enghohl*** (Stiel): nur im innersten Teil eine enge Röhre bildend.

30 ***Familie:*** Pilzgruppe im System.

19 ***frei*** (Lamellen): Lamellen sind nicht am Stiel angewachsen, sondern enden vorher.

9 ***Fruchtkörper:*** andere Bezeichnung für Pilz.

28 ***Fruchtschicht:*** Schicht der Sporenlagerung, zum Beispiel rund um die Lamelle, um die Stacheln, in den Röhren.

30 ***Gattung:*** Gruppe im System mit gleichen Grundmerkmalen.

24 ***geballt:*** viele Pilze sind miteinander verwachsen.

19 ***gegabelt*** (Lamellen oder Leisten): zwei zu einer zusammengewachsen.

12 ***genabelt*** (Hut): enge Vertiefung in der Hutmitte.

17 ***gerandet*** (Knolle): knollige Stielbasis von einer wie beschnitten aussehenden Scheide umgeben.

13 ***gerieft:*** gerillt, gerippt.

16 ***Gesamthülle:*** die den jungen Pilz umgebende Hülle.

24 ***gesellig:*** es wachsen Pilze zu mehreren, in losen Gruppen.

11 ***gilben:*** nach Verletzung oder Anschnitt tritt Gelbverfärbung ein.

16 ***Haarschleierling:*** Pilzgattung, die durch einen feinen fädigen Schleier gekennzeichnet ist, der sich besonders beim jungen Pilz vom Hutrand zur Stielspitze oder bis zur Knolle spannt.

15 ***hängend*** (Ring): Ring nach oben abziehbar.

11 ***häutig*** (Hut): kaum Fleisch im Hut vorhanden, dünn wie Haut.

12 ***heterogen*** (Stiel): Stiel ist nicht mit dem Hutfleisch verwachsen, sondern herausdrehbar.

24 ***Hexenring:*** Kreis von Pilzen.

12 ***homogen*** (Stiel): Stiel ist mit dem Hutfleisch verwachsen.

9 ***Hutpilz:*** Pilz mit Stiel und Hut.

10 ***hygrophan:*** der Pilz saugt Wasser auf.

17 ***Kindersöckchen:*** siehe Bergsteigersöckchen.

17 ***Knollenblätterpilze:*** Gattung von Pilzen mit Gesamthülle und Teilhülle, auch Wulstlinge genannt.

13 ***konstant:*** immer wieder vorkommend, immer so bleibend.

9 ***konzentrisch:*** um die Mitte herum, von der Mitte gleichmässig entfernt, zum Beispiel Zonenlinien bei Milchlingen.

18 ***Lamellen:*** messerschneidenartige Gebilde an der Unterseite des Hutes.

18 ***Lamellenschneide:*** die lange nach unten zeigende Kante.

18 ***Lamelletten:*** kürzere Lamellen, die nicht bis zum Stiel reichen.

20 ***Leisten:*** erhabene Rippen (ähnlich den Lamellen) an der Unter- oder Abseite des Hutes.

14 ***Manschette:*** Rest der Teilhülle bei Knollenblätterpilzen.

11 ***Milchlinge:*** Pilzgattung, die nach Verletzung Flüssigkeit (Milch) absondert.

24 ***Mykorrhiza:*** Pflanzenwurzel (Baum), die durch das Zusammenleben mit ihrem Pilz verändert ist.

9 ***Myzel:*** die eigentliche Pilzpflanze, Zellengeflecht zur Nährstoffaufnahme.

12 ***Natterung*** (Stiel): gleichmässige Zeichnung, meistens mit etwas Hutfarbe, am Stiel.

27 ***Nichthutpilz:*** Fruchtkörper ohne Stiel und Hut.

11 ***Papille:*** auffallend starker spitzer Buckel in der Hutmitte.

24 ***Parasit:*** auf lebenden Pflanzen oder Tieren lebend.

21 ***Poren:*** Schicht unter dem Hut, aus kleineren und grösseren Löchern bestehend, mit dem Hutfleisch verwachsen.

19 ***quergeadert:*** siehe anastomosierend.

10 ***radial:*** von der Mitte nach aussen verlaufend (zum Beispiel Faserzeichnung auf Pilzhüten).

24 ***rasig:*** wie gesät wachsend, dicht wie ein Rasen.

15 ***Riefung:*** siehe gerieft.

15 ***Ring:*** Rest der Teilhülle.

20 ***Röhren:*** schwammartiges Gebilde an der Hutunterseite, aus lauter feinen Röhren bestehend.

11 ***röten:*** nach Verletzung oder Anschnitt rot verfärbend.

21 ***Rotporer:*** in manchen Pilzbüchern bezeichnet man so die Röhrlinge mit olivgelben Röhren und roten Röhrenmündungen.

24 ***Saprophyten:*** Fäulnisbewohner, von toten Stoffen lebend.

16 ***Scheide:*** Rest der Gesamthülle bei Knollenblätterpilzen, bleibt als Hauttasche an der Stielbasis erhalten.

27 ***Sporen:*** staubfeine Partikelchen, gelagert in der jeweiligen Fruchtschicht. Sie dienen zur Entstehung einer neuen Pilzpflanze.

25 ***Sporenpulver:*** Menge von Sporen, dient zur Farbtonerkennung.

25 ***Sporenstaub:*** Ansammlung von Sporen.

22 ***Sprödblättler:*** Blätterpilz mit sprödem (brüchigem) Fleisch.

20 ***Stachelinge:*** Gattung der Hutpilze mit Stacheln unter dem Hut bzw. an der Aussenseite eines kegelförmigen Fruchtkörpers.

20 ***Stacheln:*** dornartige Gebilde an der Hutunterseite.

13 ***stiefelig, gestiefelt:*** wenn der Stiel von unten her halb- oder dreiviertelhoch zum Beispiel von derben Schuppen bekleidet ist.

20 ***Stoppeln:*** siehe Stacheln.

24 ***Substrat:*** nährstoffspendende Unterlage für die Pilzpflanze.

24 ***Symbiose:*** Lebensgemeinschaft von Pflanze (Baum) und Pilz.

17 ***Teilhülle:*** Haut, die sich vom Hutrand zur Stielspitze spannt und die jungen Lamellen oder Röhren bedeckt.

18 ***tränend:*** kleine Tröpfchen absondernd.

18 ***untermischt:*** zwischen normalen Lamellen kurze und längere angeordnet.

17 ***Warzengürtel:*** Rest der Gesamthülle bei Knollenblätterpilzen, die meist verdickte Stielbasis zierend.

19 ***weit, weitstehend:*** Lamellen stehen mit Zwischenräumen auseinander.

16 ***Wulstlinge:*** siehe Knollenblätterpilze.

24 ***wurzelnd:*** Stielbasis mit einer wurzelähnlichen Verlängerung versehen.

12 ***zentral:*** in der Mitte befindlich.

SPEISEPILZE

WICHTIGE GEBOTE
FÜR UNGETRÜBTEN PILZGENUSS

1

Verwerten Sie nur Pilze,
die Sie ganz sicher als essbar erkennen oder die Ihnen vom Pilzberater als essbar bestätigt worden sind.

2

Sammeln Sie keine zu jungen Pilze
wegen der Verwechslungsgefahr noch unkenntlicher Exemplare mit Giftpilzen. Nehmen Sie auch keine zu alten, die durch Zersetzen des Eiweisses giftig wirken.

3

Transportieren Sie Pilze nur im Korb,
nicht etwa in einem Plastikbeutel, worin sie schwitzen und durch Eiweisszersetzung giftig werden.

4

Essen Sie Pilze nicht roh
(ausser Steinpilz und Champignon), viele der guten Speisepilze sind roh giftig.

5

Frische Pilze stets kühl und luftig aufbewahren. Möglichst am gleichen Tage verarbeiten, da sonst Alterung und Aromaverlust eintreten. Das fertige (oder halbfertig gekochte) Gericht kann ein bis zwei Tage im Kühlschrank verwahrt oder auch tiefgefroren werden.

1 **Steinpilz, Herrenpilz** *(Boletus edulis)*

Vorkommen: Juli–Oktober im Laub- und Nadelwald.

Hut: Bis 20 cm, hell- bis dunkelbraun, dickpolsterförmig, runzelig-grubig, feucht, im Alter schmierig, Huthaut wenig abziehbar.
Röhren: jung weiss, dann grüngelblich, später olivgrün, Mündungen jung eng, später weiter, Röhrenpolster leicht vom Hutfleisch ablösbar.

Stiel: bis 15 cm lang, 3–4 cm dick, weisslich bis blassbraun, jung knollig, dann schlank, weisses Netz an der Spitze.
Fleisch: weiss, fest, später schwammig, unter der Huthaut rötlichbraun.
Verwechslungsmöglichkeit: Gallenröhrling, Nr. 83, der roh probiert sehr bitter schmeckt.

Auf einen Blick: Röhrenpilz mit feiner heller Netzzeichnung an der Stielspitze.

2 **Schwarzblauender Röhrling** *(Boletus pulverulentus)*

Vorkommen: Juli–Oktober im Laub- und Nadelwald auf sauer-sandigen Böden.

Hut: 4–12 cm, olivgraugelb, auch bräunlich-rosa, erst halbkugelig, dann niedergedrückt verbogen, feinfilzig.
Röhren: olivgrüngelb, Mündungen gelb, eckig, jung eng, später weiter.
Stiel: 4–10 cm lang, 1–2 cm dick, Spitze gelblich, abwärts rötlich-bräunlich, bei der geringsten Berührung sofort blauschwarz verfärbend.

Fleisch: gelb, weich, beim Durchschneiden sofort dunkelblau, Geruch obstartig, Geschmack süsslich, auch säuerlich.
Verwechslungsmöglichkeit: Schönfussröhrling, Nr. 84, der stark bitter schmeckt.

Auf einen Blick: bei Druck und im Anschnitt sofort dunkelblau verfärbend.

3 Anhängselröhrling, Gelber Steinpilz *(Boletus subappendiculatus)*

Vorkommen: Juni–Oktober im Laub- und Mischwald, selten.

Hut: 8–15 cm, hell- bis dunkelbraun, polsterförmig, matt, dickfleischig, Rand etwas übergreifend.
Röhren: zitronengelb, dann goldgelb, zuletzt grüngelblich bis olivlich, bei Druck blaugrünlich verfärbend, Mündungen sehr eng, rundlich-eckig.

Stiel: bis 15 cm lang, bis 5–6 cm dick, jung bauchig, später schlanker, gelb-bräunlich mit feinem gelbem Netz an der Spitze, Basis zugespitzt, leicht wurzelnd.
Fleisch: hellgelb, ziemlich fest, nicht stark blauend.
Verwechslungsmöglichkeit: keine mit Giftpilzen.

Auf einen Blick: Gelbfleischiger Röhrenpilz mit feiner gelber Netzzeichnung an der Stielspitze.

4 Flockenstieliger Hexenröhrling, Schusterpilz

(Boletus luridiformis)

Vorkommen: Mai–November im Laub- und Nadelwald, besonders auf kalkarmen Böden.

Hut: bis 20 cm, dunkelbraun, auch hell- oder olivbraun, manchmal gelb, polsterförmig gewölbt, filzig-samtig, trocken, Huthaut nicht abziehbar.
Röhren: grünlichgelb, Mündungen rot bis rostbraun, eng, an Druckstellen sofort dunkelblau verfärbend.
Stiel: bis 12 cm lang, bis 4 cm dick, jung dickbauchig, später keulig-schlank, auf gelbem Grund fein rotflockig.
Fleisch: gelb, beim Durchschneiden sofort dunkelblau verfärbend, fest und derb.
Verwechslungsmöglichkeit: Satansröhrling, Nr. 82, der jedoch hellen steingrauen Hut besitzt und im Alter aasartig riecht.

Auf einen Blick: rote Röhren, bei Druck und im Anschnitt sofort blau verfärbend.

5 **Maronenröhrling, Braunhäuptchen** *(Xerocomus badius)*

Vorkommen: Juni–November im Nadel-, seltener im Laubwald.

Hut: 4–12 cm, jung halbkugelig, dann polsterförmig verflacht, kahl, glatt, feucht schmierig, kastanien- bis schokoladenbraun, dickfleischig.
Röhren: um den Stiel buchtig vertieft, blassgelb, dann grünlich-oliv, auf Druck blaugrün verfärbend, Mündungen jung fein, dann mittelweit, eckig.
Stiel: bis 9 cm lang, 1–2 cm dick, bräunlich, faserig-streifig, auch kahl, glatt, von Anfang an ziemlich schlank.
Fleisch: weisslich-gelblich, im Hut zartkernig, im Stiel wässrig durchzogen, im Anschnitt wenig blauend.
Verwechslungsmöglichkeit: Gallenröhrling, Nr. 83, der sehr bitter schmeckt.

Auf einen Blick: dunkelbrauner, kahler Röhrenpilz, bei Druck auf die Röhren blaugrün verfärbend.

6 **Ziegenlippe, Filziger Röhrling** *(Xerocomus subtomentosus)*

Vorkommen: Juli–Oktober im Laub- und Nadelwald.

Hut: bis 10 (12) cm, olivgraugelb bis graubraun, flach gewölbt, feinfilzig, trocken, matt, meist nicht rissig, Huthaut nicht abziehbar.
Röhren: leuchtend gelb, im Alter grünlichgelb bis bräunlich, bei Druck nicht verfärbend, Mündungen weit, eckig.

Stiel: bis 10 cm lang, 1,5–2 cm dick, schlank, gelbbräunlich, auch rötlich, feinkörnig-rauh.
Fleisch: weisslich, im Stiel gelblich, zart, saftig, wenig verfärbend.
Verwechslungsmöglichkeit: keine mit Giftpilzen.

Auf einen Blick: leuchtend gelbe Röhren, die auf Druck nicht verfärben.

Anmerkung: wird oft vom Goldschimmel befallen (rechts oben).

7 Rotfussröhrling, Rotfüsschen *(Xerocomus chrysenteron)*

Vorkommen: Juli–November im Laub- und Nadelwald, bevorzugt saure Böden.

Hut: 3–10 cm, grau-, gelb-, rötlich- oder olivbräunlich, jung halbkugelig, bald flacher gewölbt, oft felderig aufgerissen, dort und an Frassstellen rötlich, kahl, matt bis mattglänzend.
Röhren: gelblich, grünlichgelb, an Druckstellen schmutziggrün bis blau verfärbend, Mündungen bei Reife ziemlich weit, eckig.
Stiel: bis 6 cm lang, 1–1,5 cm dick, gelb, bräunlich, stellenweise rot, Basis zugespitzt, sehr variabel beflockt, gefasert, streifig, teils Basis mit weissem Myzel bewachsen.
Fleisch: gelb, unter der Huthaut rot, im Anschnitt kann das Fleisch bläulich anlaufen, um dann rötlich umzufärben.
Verwechslungsmöglichkeit: Schönfussröhrling, Nr. 84, der stark bitter schmeckt.

Auf einen Blick: kleinerer Röhrling mit felderig gerissenem Hut, Risse rötlich verfärbt.

8 **Kuhpilz, Kuhröhrling** *(Suillus bovinus)*

Vorkommen: Juli–Oktober in Kiefernwäldern auf sandigen Böden.

Hut: 3–10 cm, gelblich, leder- oder orangebraun, Rand jung eingerollt und weiss, bald polsterförmig verflacht, klebrig, bei feuchtem Wetter schmierig, Hut elastisch biegsam.
Röhren: am Stiel angewachsen bis leicht herablaufend, vom Hutfleisch schwer ablösbar, mattgelb, dann olivgelblich bis bräunlich, Mündungen eckig.
Stiel: bis 6 cm lang, 1–1,5 cm dick, schlank, gelblich, bräunlich, faserig-streifig.
Fleisch: weisslich, gelblich, bisweilen etwas rötend, zähelastisch, beim Kochen lila verfärbend.
Verwechslungsmöglichkeit: keine mit Giftpilzen.

Auf einen Blick: schmierig-klebriger Röhrling, biegsam, beim Kochen lila.

9 **Sandröhrling** *(Suillus variegatus)*

Vorkommen: August–Oktober in Kiefernwäldern.

Hut: 6–15 cm, löwenbraun, semmelgelbbraun, jung halbkugelig, dann flacher polsterförmig, Rand scharf eingebogen, trokken, matt, rauh-körnig, alt oder feucht leicht schmierig, Huthaut nicht abziehbar. **Röhren:** breit am Stiel angewachsen, olivbräunlich, grünlichgelb, zuletzt olivgrün, Mündungen oliv, jung sehr eng, dann mittelweit.

Stiel: bis 10 cm lang, 1,5–2,5 cm dick, Farbe wie Hut, leicht bereift, dann glatt oder etwas streifig.
Fleisch: jung hellgelb, dann gelb bis orangegelb, im Anschnitt schwach blauend.
Verwechslungsmöglichkeit: keine mit Giftpilzen.

Auf einen Blick: Röhrling mit rauh-körniger Hutoberfläche.

10 **Butterpilz, Butterröhrling** *(Suillus luteus)*

Vorkommen: Juni–Oktober unter Kiefern.

Hut: 5–10 cm, gelbbraun bis schokoladenbraun, manchmal gefleckt oder radial geflammt, jung und in feuchtem Zustand schmierig-klebrig, im Alter trocken glänzend, jung halbkugelig, später polsterförmig, Huthaut jung dick und elastisch, alt dünn und leicht reissbar.
Röhren: hellgelb, dann gelb bis schmutzig-olivgelb. Mündungen jung sehr fein, später mittelweit.
Stiel: 3–6 cm lang, 1–1,5 cm dick, weissgelblich, dunkel gepustelt, häutiger Ring.
Fleisch: weiss bis gelblich, zart und saftig, weichlich.
Verwechslungsmöglichkeit: keine mit Giftpilzen.

Auf einen Blick: schmierig-klebrige Hutoberfläche, Huthaut abziehbar, häutiger Ring am Stiel.

11 Goldröhrling, Goldgelber Lärchenröhrling *(Suillus grevillei)*

Vorkommen: Juli–Oktober unter Lärchen.

Hut: 3–10 cm, gelb bis goldbraun, schmierig-klebrig, jung halbkugelig, später flachpolsterförmig, Huthaut bei älteren Pilzen abziehbar.
Röhren: gelb, dann bräunlichgelb, breit angewachsen bis etwas herablaufend, bei Druck bräunlich verfärbend.
Stiel: bis 10 cm lang, 1–2 cm dick, gelb bis bräunlich, dunkel faserstreifig, Schleimwulst im oberen Teil als Rest von einer schleimigen Teilhülle.
Fleisch: gelb, weich, im Stiel nach Anschnitt hellbräunlich verfärbend.
Verwechslungsmöglichkeit: keine mit Giftpilzen.

Auf einen Blick: schmieriger Röhrling, unter Lärchen, mit gelber schleimiger Teilhülle.

12 **Espenrotkappe** *(Leccinum rufum)*

Vorkommen: Juni–Oktober unter Zitterpappeln (Espen).

Hut: bis 15 cm, orangebraun, rotbraun, orangerot, jung halbkugelig, dann dickpolsterförmig, trocken, matt, Huthaut am Rand auf die Röhren übergreifend.
Röhren: um den Stiel eine Rinne bildend, weisslich bis gelbgrau, im Alter rostbräunlich und unter dem Hut hervorquellend.

Stiel: weisslich, mit zunächst weisslichen Schüppchen, die dann beim älteren Pilz orangebräunlich bis rotbraun verfärben.
Fleisch: weisslich, im Anschnitt schwach lila verfärbend, später schwärzend, fest.
Verwechslungsmöglichkeit: keine mit Giftpilzen.

Auf einen Blick: auffallend orangerotbrauner grosser Röhrling, unter Espen, Stielflocken nicht schwarz.

13 Rotkappe, Schwarzschuppiger Birkenröhrling

(Leccinum versipelle)

Vorkommen: Juni–Oktober unter Birken.

Hut: bis 15 cm, orangerot, gelborange, trocken, matt, jung kugelig, dann dickpolsterförmig, Huthaut nicht abziehbar, am Rand auf die Röhren übergreifend.
Röhren: um den Stiel eine Rinne bildend, jung Mündungen sehr eng und fast schwarz, später auseinanderwachsend und Röhren dann hell, weisslich-gelblich.
Stiel: bis 20 cm lang, 1,5–5 cm dick, jung dick und massiv, später schlank, weisslich mit schwärzlichen Schüppchen, an Druckstellen grünlich oder schwärzlich anlaufend.
Fleisch: weiss, im Anschnitt rosalila, grauviolett, graublau oder weinrot verfärbend, jung fest und derb.
Verwechslungsmöglichkeit: keine mit Giftpilzen.

Auf einen Blick: grosser orangefarbener Röhrling, bei Birken, mit schwarzen Stielschuppen.

gut

14 **Birkenpilz, Kapuzinerröhrling** *(Leccinum scabrum)*

Vorkommen: Juni–Oktober unter Birken.

Hut: 5–12 cm, gelbbraun, graubraun, trokken, matt, kahl, jung halbkugelig, später dickpolsterförmig, dickfleischig.
Röhren: weisslich, hellgrau, im Alter rostfleckig, an Druckstellen bräunlich, leicht vom Hut ablösbar.
Stiel: bis 15 cm lang, 1–3 cm dick, jung dick und massiv, alt schlankkeulig mit verjüngter Spitze, weisslich mit dunkelbraunen oder schwarzen Flocken.

Fleisch: weiss, grauweiss, nicht verfärbend, jung fest, bald schwammig.
Verwechslungsmöglichkeit: keine mit Giftpilzen. Siehe Gallenröhrling, Nr. 83, der sehr bitter schmeckt.

Auf einen Blick: Röhrling, bei Birken, mit schnell weichem Hutfleisch und schwärzlichen Flocken auf weisslichem Stiel.

15 **Hainbuchenröhrling** *(Leccinum griseum)*

Vorkommen: Juni–Oktober unter Hainbuchen, Espen, Haselsträuchern.

Hut: 4–12 cm, gelbbraun, graubraun, im Alter fast schwärzlich, jung fast kugelig und runzelig, dann polsterförmig, kahl, feucht etwas klebrig, trocken felderig aufgerissen.
Röhren: um den Stiel eine tiefe Rinne bildend, weisslich, gelblichgrau, etwas rostfleckend, bei Druck violettgrau anlaufend.
Stiel: bis 10 cm lang, jung dick und massiv, später schlank, Spitze verjüngt, weisslich, dunkelfaserig bis -schuppig.
Fleisch: weisslich, im Anschnitt violettgrau verfärbend, im Hut bald weich werdend, sonst recht fest.
Verwechslungsmöglichkeit: Gallenröhrling, Nr. 83, der sehr bitter schmeckt.

Auf einen Blick: Röhrling mit stark aufreissender Huthaut und weisslichen Röhren.

16 **Kuhmaul, Grosser Gelbfuss** *(Gomphidius glutinosus)*

Vorkommen: Juli–Oktober im Nadelwald.

Hut: 5–10 cm, grau- bis schokoladenbraun, violettgrau, teils mit schwarzen Flecken, jung mit Schleimschicht überzogen, in trockenem Zustand matt-glänzend, erst fast kugelig, dann flach gewölbt, alt trichterförmig.
Lamellen: herablaufend, weisslich, hellgrau, dann vom reifen Sporenpulver dunkelgrau-schwärzlich, weich, dick, gegabelt, weitstehend.
Stiel: 5–9 cm lang, 1–2,5 cm dick, weisslich, Basis gelb, von schmieriger Schleimschicht überzogen, vollfleischig.
Fleisch: weiss, in der Stielbasis gelb, weich und zart.
Verwechslungsmöglichkeit: keine mit Giftpilzen.

Auf einen Blick: Hut mit dicker abziehbarer Schleimschicht, Stielbasis gelb.

17 **Kupferroter Gelbfuss** *(Chroogomphus rutilus)*

Vorkommen: Juli–November unter Kiefern.

Hut: 4–12 cm, grau- oder braunorange bis kupferrötlich, ausblassend, feucht schmierig, trocken matt bis glänzend, jung kegelförmig, dann gewölbt mit zentralem Bukkel oder kegelig, dickfleischig.
Lamellen: herablaufend, rosabräunlich, im Alter dunkel vom Sporenstaub, dicklich, weitstehend.

Stiel: bis 10 cm lang, schlank, Basis verjüngt und safrangelb, sonst kupferbräunlich, faserig-streifig bis schwach genattert, anfangs faserig beringt.
Fleisch: orangegelb, verletzt karminrot, Basis gelb, beim Kochen kupfer- oder weinrot verfärbend.
Verwechslungsmöglichkeit: keine mit Giftpilzen.

Auf einen Blick: kegelförmiger Hut, gelbe Stielbasis, beim Kochen wein- oder kupferrot verfärbend.

18 **Frostschneckling** *(Hygrophorus hypothejus)*

Vorkommen: November/Dezember, besonders bei Kiefern.

Hut: 3–5 cm, olivbraun, nach dem Abfliessen der dicken olivbraunen Schleimschicht fuchsiggelb oder blasser, jung gebuckelt-gewölbt, dann flach gewölbt mit zentralem Buckel, dünnfleischig.
Lamellen: leicht herablaufend, weisslich, hell- bis dunkelgelb, im Alter orangefarben, dicklich, weitstehend.
Stiel: 5–10 cm lang, schlank, blassgelb, flüchtig beringt durch eine Teilhülle, darunter schmierig, Spitze trocken.
Fleisch: weissgelblich, fest, aber zart.
Verwechslungsmöglichkeit: keine mit Giftpilzen.

Auf einen Blick: spät im Jahr nach erstem Frost, schleimig, alte Pilze mit orangefarbenen Lamellen.

19 **Waldschneckling** *(Hygrophorus nemoreus)*

Vorkommen: September–Oktober im Laubwald, besonders auf Kalkboden.

Hut: 4–7 cm, fuchsig-bräunlichorange, teils weisslich-silbrig bereift, jung halbkugelig gewölbt, dann flach ausgebreitet mit schwachem zentralem Buckel, schliesslich niedergedrückt, fleischig, Rand dünn.
Lamellen: leicht herablaufend, blasscreme bis rötlichocker, dick, weitstehend.

Stiel: 4–8 cm lang, 1–1,5 cm dick, Spitze kleiig bis feinkörnig bereift, sonst weisslich mit etwas Hutfarbe, Basis zugespitzt.
Fleisch: weiss, unter der Huthaut gelbrötlich, fest, aber zart, Geruch schwach mehlartig.
Verwechslungsmöglichkeit: keine mit Giftpilzen.

Auf einen Blick: orangegelber Hut mit Bereifung, wachsartige, herablaufende Lamellen.

20 **Märzellerling, Märzschneckling** *(Hygrophorus marzuolus)*

Vorkommen: Februar–Mai im Laub- und Nadelwald, besonders bei Weisstannen.

Hut: 4–10 cm, weiss, dann grau, bald mit schwärzlichen Flecken und Partien, jung gewölbt, bald ausgebreitet und flatterig aufgeschlagen, trocken, dickfleischig, jung zart weisssilbrig bereift.
Lamellen: wenig herablaufend, weiss, dann grau, dick, wachsartig, öfter gegabelt, weitstehend, am Grund quergeadert.
Stiel: bis 8 cm lang, 1–2,5 cm dick, weiss, dann grau, seidenfaserig, meist verbogen durch büscheliges Wachstum, fest, vollfleischig.
Fleisch: weiss, unter der Huthaut und im Stiel etwas grau anlaufend.
Verwechslungsmöglichkeit: keine mit Giftpilzen.

Auf einen Blick: sehr früher Pilz mit wachsartigen weitstehenden Lamellen.

21 **Mönchskopf** *(Clitocybe geotropa)*

Vorkommen: September–November auf Waldwiesen und Waldweiden, in lichten Wäldern.

Hut: 5–20 cm, lederockerweisslich, cremegraulich, im Alter immer heller werdend, jung kegelig-glockig, bald trichterig, aber immer mit deutlichem zentralem Buckel, Rand lange nach innen eingeschlagen, trocken fast glänzend.
Lamellen: herablaufend, weisslich-creme, mit kürzeren untermischt.
Stiel: 8–15 cm lang, 2–3 cm dick, weisslich-creme, seidig-faserig, fest, vollfleischig, Basis etwas keulig und mit weissem Myzel bewachsen.
Fleisch: weisslich-creme, trocken, elastisch-zäh, Geruch süsslich oder leicht nach Bittermandel.
Verwechslungsmöglichkeit: Riesenrötling, Nr. 76, der einen unangenehm drogenartigen Geruch hat.

Auf einen Blick: grosser bleicher Pilz mit rundlichem Buckel im trichterförmigen Hut.

22 Violetter Rötelritterling, Nackter Ritterling *(Lepista nuda)*

Vorkommen: September bis zum Frost, im Mai ein Schub an warmen Stellen, in Gärten, Obstbaumwiesen, Laub- und Nadelwald, auf Komposthaufen.

Hut: 5–15 cm, violett oder fleischbräunlich, kahl, glatt, jung halbkugelig-, dann flachgewölbt bis wellig aufgeschlagen.
Lamellen: lila, später bräunlich, mit Zahn herablaufend (Burggraben), fast engstehend, untermischt.
Stiel: 5–7 cm lang, 1,5–2,5 cm dick, violett, weisssilbrig bereift-beschuppt, später faserstreifig bis kahl, Basis mit lilaweisslichem Myzel bewachsen.
Fleisch: weisslich-violett, wässrig durchzogen, zart, weich, Geruch leicht parfümiert-süsslich.
Verwechslungsmöglichkeit: keine mit Giftpilzen, ähnliche ungeniessbare Haarschleierlinge haben braunes, der Violette Rötelritterling blassrosa Sporenpulver.

Auf einen Blick: ganzer Pilz mehr oder weniger lila.

23 Schwarzfaseriger Ritterling, Russkopf

(Tricholoma portentosum)

Vorkommen: September–Dezember im Nadelwald.

Hut: 4–10 cm, hell- bis schwarzgrau, mit gelblichen oder hellgrünlichen Tönen, schwarz faserstreifig, jung feucht schmierig, trocken glänzend, Huthaut abziehbar, jung halbkugelig-kegelig, bald verflacht und ungleich wellig aufgeschlagen, Rand lange nach innen eingebogen.

Lamellen: mit Zahn herablaufend, weiss, graugelblich, dicklich, Schneide grobschartig oder sägeblattartig gekerbt.
Stiel: 6–10 cm lang, 1–2 cm dick, weiss, zitronengelblich bis grau, kahl oder schwach flockig, faserig, seidig glänzend, manchmal verdreht oder verbogen.
Fleisch: weisslich, zart, weich.
Verwechslungsmöglichkeit: keine mit Giftpilzen.

Auf einen Blick: Pilz der Frostperiode im Nadelwald.

24 Grünling, Echter Ritterling *(Tricholoma auratum)*

Vorkommen: Herbst in sandigen Kieferwäldern.

Hut: 7–12 cm, gelbgrünlich, olivgrün, Scheitel rotbräunlich, in feuchtem Zustand und jung schleimig-klebrig, dickfleischig, jung halbkugelig-kegelig, bald flach und wellig aufgeschlagen.
Lamellen: mit Zahn herablaufend, schwefelgelbgrünlich, dichtstehend, mit kürzeren untermischt.

Stiel: 4–6 cm lang, 1–2 cm dick, Spitze heller, sonst gelbgrünlich, glatt oder fein faserschuppig, vollfleischig.
Fleisch: weisslich, am Rand gelblich, zart, weich, Geruch schwach mehlartig.
Verwechslungsmöglichkeit: Galliger Ritterling (T. aestuans), der bitter und scharf schmeckt, Schwefelritterling (T. sulphureum), der widerlichen Geruch nach Leuchtgas besitzt.

Auf einen Blick: ganzer Pilz mehr oder weniger gelbgrün, Mehlgeruch.

25 **Erdritterling** *(Tricholoma terreum)*

Vorkommen: August–November im Nadelwald, besonders bei Kiefern, auf reicheren Böden.

Hut: 4–7 cm, hell- bis dunkelgrau, radialfaserig, filzig, angedrückt-schuppig, jung glockig-kegelig, bald flach und wellig aufgeschlagen, dünnfleischig.
Lamellen: mit Zahn herablaufend, weisslich-grau, rostfleckig, untermischt, quergeadert, Schneide grob gekerbt.
Stiel: 3–8 cm lang, 1–2 cm dick, weisslich, graulich, faserig, Spitze kleiig bereift, Stiel am reifen Pilz fast hohl.
Fleisch: weissgrau, zart, weich, dünn, brüchig.
Verwechslungsmöglichkeit: Tigerritterling, Nr. 78, der stark nach Mehl riecht.

Auf einen Blick: grauer brüchiger Lamellenpilz ohne Mehlgeruch, immer in grösseren Ansammlungen wachsend.

26 **Hallimasch** *(Armillariella mellea)*

Vorkommen: September–November an Strünken von Laub- und Nadelholz.

Hut: 5–10 cm, hell- bis dunkelgelb, braunfuchsig-rötlich, gelb-olivgrünlich, mit dunklen haarig-zottigen Schüppchen, jung kugelig, bald flach, im Alter trichterig aufgeschirmt, Rand dünn und lange nach innen gebogen.
Lamellen: kurz herablaufend, weisslich, fleischfarben-blass, fleischrötlich, ziemlich weitstehend.
Stiel: 5–12 cm lang, 1–2 cm dick, gelblichbräunlich, an der Basis olivschwärzlich, faserig gerillt, schuppig-flockig, dickhäutiger Ring, Stiel oben fleischig, sonst wattig ausgestopft.
Fleisch: weisslich, spröde, roh probiert im Hals zusammenziehend. Roh giftig!
Verwechslungsmöglichkeit: Sparriger Schüppling (Pholiota squarrosa) mit schuppigem Hut und Stiel, dieser Pilz ist aber nicht giftig.

Auf einen Blick: büschelig an Strünken wachsender schuppiger Pilz.

siehe Anm.

27 **Weisser Rasling** *(Lyophyllum connatum)*

Vorkommen: August–Oktober, besonders an Wegen und frisch aufgeworfener Erde im Laub- und Nadelwald.

Hut: 3–7 cm, weiss, wie mit deckweissartigem Reif überzogen, stellenweise und besonders in feuchtem Zustand fleischfarbene Flecken, kahl, matt, jung halbkugelig, bald gewölbt und wellig verformt.
Lamellen: kurz herablaufend, weisslich bis gelblich, dichtstehend.
Stiel: 4–10 cm lang, 1–2 cm dick, schlank, durch büscheliges Wachstum meist verbogen, weiss, jung voll, später fast hohl.
Fleisch: weiss, etwas glasig-wässrig, knorpelig, Geruch eigenartig spirituös-parfümartig.
Anmerkung: Galt bisher als Speisepilz. Neuerdings wurde darin ein Stoff entdeckt, der den Pilz unverträglich werden lassen kann. Echte oder schwere Vergiftungsfälle bisher nicht publiziert.

Auf einen Blick: büscheliger, weisser Pilz mit auffallendem parfümartigem Geruch.

28 **Geselliger Rasling, Knäuelrasling** *(Lyophyllum fumosum)*

Vorkommen: September–Dezember in Wäldern, Parkanlagen, auf Waldwiesen.

Hut: 3–7 cm, hell- bis dunkelbraun, graubräunlich, oft radialfaserig eingewachsen, kahl, glatt, jung halbkugelig, bald gewölbt, im Alter aufgeschlagen und wellig verbogen, Rand lange nach unten gebogen.
Lamellen: kurz herablaufend, weisslich, creme-graulich, zuletzt graubraun, dünn, dichtstehend.
Stiel: blass, weisslich-bräunlich, faserig, durch büschelig-knäueliges Wachstum verbogen, vollfleischig.
Fleisch: weisslich, zart-knorpelig, Geruch säuerlich.
Verwechslungsmöglichkeit: nicht mit Giftpilzen.

Auf einen Blick: auffällig knäuelig verwachsene Pilzbüschel.

29 **Maipilz** *(Calocybe gambosa)*

Vorkommen: April–Juni an grasigen Stellen, Parkanlagen und Wäldern.

Hut: 5–10 cm, cremeweiss, manchmal auch gelb, kahl, matt, glatt, jung halbkugelig, bald dickpolsterförmig, Rand lange nach unten gebogen, vollfleischig.
Lamellen: mit Zahn herablaufend, weisscreme, untermischt, dichtstehend.
Stiel: 5–8 cm lang, 1–2 cm dick, weisscreme, faserstreifig, fest, vollfleischig.

Fleisch: weiss bis gelblich, zart, dick, Geruch stark nach altem Mehl.
Verwechslungsmöglichkeit: Ziegelroter Risspilz, Nr. 77, der keinen Mehlgeruch hat und an ausgewachsenen Exemplaren ziegelrote Stellen aufweist.

Auf einen Blick: Frühjahrspilz mit starkem Mehlgeruch.

30 **Knoblauchschwindling** *(Marasmius scorodonius)*

Vorkommen: Juni–Oktober in trockenem Grasland.

Hut: 1–3 cm, fleischbraun mit dunklerer Mitte, ausgetrocknet cremeweiss, dünn, runzelig, gerippt, wellig verbogen, zäh, elastisch.
Lamellen: creme mit fleischrötlichem Schein, wellig, weitstehend, dicklich, am Grund quergeadert.
Stiel: 3–6 cm, dünn, rotbraun, Spitze heller, Basis fast schwarz, kahl, glänzend, hornartig, Spitze erweitert.
Fleisch: dünn, blass, zäh, Geruch stark nach Knoblauch.
Verwechslungsmöglichkeit: mit Nadelschwindling (Micromphale perforans), der unangenehmen Knoblauchgeruch besitzt und auf Fichtennadeln wächst, nicht bekömmlich.

Auf einen Blick: in Gruppen wachsender kleiner dünner Pilz mit starkem Knoblauchduft.

31 **Nelkenschwindling** *(Marasmius oreades)*

Vorkommen: Mai–November auf Wiesen, in Parks und grasigen Wäldern, in Reihen und Kreisen wachsend.

Hut: 2–5 cm, fleischocker, trocken lederblass, kahl, wasseraufsaugend, jung kegelig-glockig, später flach gewölbt mit zentralem Buckel, Rand etwas gerippt.
Lamellen: vor dem Stiel abgerundet, weiss-creme, dick, weitstehend, am Grund quergeadert.
Stiel: 4–7 cm lang, 0,5 cm dick, steif, zäh, weiss-creme, bereift-flockig, voll.
Fleisch: weisslich, im Hut zart, im Stiel zäh, wasseraufsaugend.
Verwechslungsmöglichkeit: mit ähnlichen Kleinpilzen, worunter kein gefährlich giftiger ist.

Auf einen Blick: kleiner Pilz, in Reihen und Kreisen wachsend, mit auffälligem fleischigem Buckel in der Hutmitte.

32 **Samtfussrübling** *(Flammulina velutipes)*

Vorkommen: September–April an Laub- und seltener an Nadelholzstrünken, büschelig.

Hut: 2–10 cm, gelb, rostgelb, bräunlich mit dunklerer Mitte, schleimig-klebrig, dünnfleischig, knorpelig, jung glockig, bald flach gewölbt und Rand etwas nach oben geschlagen.
Lamellen: gelblich, ockergelb, untermischt, dünn, dichtstehend.
Stiel: 3–10 cm lang, dünn, Spitze glatt gelblich-bräunlich, sonst dunkelbraunsamtig, zäh, erst voll, später hohl.
Fleisch: weiss bis gelblich, zart, Geruch leicht fischig.
Verwechslungsmöglichkeit: um diese Jahreszeit (meist bei Frost) keine mit Giftpilzen, besonders bei Beachtung des samtigen Stieles.

Auf einen Blick: im Winter büschelig an Laubholz (besonders Weide) wachsender schmieriger Pilz mit auffallend samtigem Stiel.

33 **Mehlräsling** *(Clitopilus prunulus)*

Vorkommen: Juli–September in Parks und lichten Laubwäldern.

Hut: 5–6 cm, hellgraulich oder weiss, deckweissartig überzogen, feucht mit fleischfarbenen Partien, jung leicht klebrig, später kahl, jung halbkugelig, dann kegelig bis flach gewölbt, bald flach mit eingedrückter Mitte und wellig verbogen.
Lamellen: herablaufend, weiss-creme, älter mit rosa Schimmer, besonders weich und leicht zerdrückbar.

Stiel: 6–8 cm lang, 1 cm dick, weiss, glatt, Basis mit weissem Myzel bewachsen.
Fleisch: weisslich, zart, weich, dick, Geruch auffallend nach frischem Mehl.
Verwechslungsmöglichkeit: Laubfreund-(Bleiweisser)Trichterling (Clitocybe phyllophyla) und kleine giftige, weisse Trichterlinge, die aber nicht den Mehlgeruch und die zerdrückbaren Lamellen besitzen.

Auf einen Blick: fleischiger weisser Pilz mit leicht zerdrückbaren Lamellen und starkem Mehlgeruch.

34 **Schlehenrötling, Blassbrauner Rötling** *(Entoloma sepium)*

Vorkommen: April–Juni unter Rosengewächsen, besonders auch bei Pflaumenbäumen.

Hut: 3–10 cm, hellgraubräunlich, trocken weisslich oder silbrig, jung schwach schmierig, dann kahl, jung kegelig-glokkig, bald flach gewölbt, wellig verbogen, Rand lange nach unten geschlagen.
Lamellen: mit kleinem Zahn herablaufend, weisslich, später rosa, zuletzt braunrosa, untermischt, mittelweit.

Stiel: bis 10 cm lang, 1–1,5 cm dick, weisslich, faserstreifig, jung voll, später ausgestopft bis hohl.
Fleisch: weiss, dünn, in Madengängen hellbräunlich, Geruch mehlartig.
Verwechslungsmöglichkeit: Riesenrötling, Nr. 76, der jedoch einen auffallend drogenartigen Geruch besitzt.

Auf einen Blick: früher Pilz mit Mehlgeruch bei Rosengewächsen.

35 Gelbbräunlicher Scheidenstreifling *(Amanita fulva)*

Vorkommen: Juni–Oktober in Nadel- und Laubwald auf sauren Böden.

Hut: 4–10 cm, orangefuchsig, dunkelrotbraun, mit hellerem Rand, jung etwas klebrig, dann kahl und mattglänzend, jung kegelig-glockig, später flach ausgebreitet, Rand gerieft.
Lamellen: frei, weisslich, dichtstehend.
Stiel: 10–12 cm lang, 1 cm dick, aufrecht und schlank, weisslich bis bräunlich, Spitze etwas verjüngt, hohl, an der Basis offene Scheide.
Fleisch: weisslich, dünn, zart.
Verwechslungsmöglichkeit: keine mit giftigen Knollenblätterpilzen, die mindestens jung alle eine Manschette im oberen Stieldrittel besitzen nebst anderen Merkmalen.

Auf einen Blick: hochstieliger gebrechlicher Pilz mit auffällig gerieftem Hutrand und Scheide an der Stielbasis.

36 **Perlpilz** *(Amanita rubescens)*

Vorkommen: Juni–Oktober im Laub- und Nadelwald.

Hut: 5–15 cm, blassrötlich bis braunrot, graugelb, mit graurötlichen abwischbaren Schüppchen, jung halbkugelig, dann gewölbt bis flach gewölbt, Huthaut leicht abziehbar, Fleisch darunter leicht rosabräunlich getönt.
Lamellen: frei, weiss, später rötlich gefleckt, dichtstehend.
Stiel: 5–15 cm lang, 1–4 cm dick, weisslich, rosa bis bräunlich, glatt oder schuppig, im oberen Drittel leicht geriefte Manschette, Basis knollig, mit Warzengürteln.
Fleisch: weiss, zart, irgendwo auch rosalich.
Verwechslungsmöglichkeit: Pantherpilz, Nr. 73, der jedoch weisse Schüppchen auf dunklerem Hut und reinweisses Fleisch besitzt.

Auf einen Blick: ein Knollenblätterpilz (Schüppchen auf dem Hut, Manschette), der irgendwo etwas Rosa zeigt.

37 **Stadtchampignon, Scheidenegerling** *(Agaricus bitorquis)*

Vorkommen: ab Mai an Strassenrändern, bei Strassenbäumen, in Parks, auch durch Asphalt brechend.

Hut: 3–10 cm, weisslich, gelblich, kahl oder schuppig, jung flachhalbkugelig, durch Hülle mit dem Stiel verbunden, flachpolsterförmig aufschirmend mit leicht vertiefter Mitte, hartfleischig, Rand behangen und lange nach innen gebogen.
Lamellen: frei, fleischrosa, älter schokoladenbraun, schmal, dicht, Schneide weisslich geflockt.
Stiel: über dem Ring weisslich-rosalich, feinflockig bereift, zur Basis schmutziggelbfleckig, Basis zugespitzt, Ring gerieft, nach unten abziehbar, Fleisch voll und fest.
Fleisch: weiss, zartrosa anlaufend oder feingilbend, dick und fest.
Verwechslungsmöglichkeit: unbekömmlicher Karbolchampignon (A. xanthoderma), dessen Stielbasis stark gelb verfärbt und der auffällig nach Karbol riecht.

Auf einen Blick: früh im Jahr erscheinender Champignon an Strassen.

38 **Wiesenchampignon** *(Agaricus campester)*

Vorkommen: Mai–November auf Wiesen und Weiden.

Hut: 5–12 cm, weiss, glatt oder schuppig, älter braunschuppig, trocken, matt, dickfleischig, jung halbkugelig, dann polsterförmig, Rand behangen.
Lamellen: frei, rosa, dann dunkelbraun, breit, dicht.
Stiel: 3–10 cm lang, 1–2 cm dick, weisslich, seidig glatt, unter dem Ring schuppig, Basis schmutzig-gelblich, Ring dünn, nach oben abziehbar, vergänglich.
Fleisch: weiss, schwach rötlich anlaufend, zart, dick, Geruch nach frisch gesägtem Holz.
Verwechslungsmöglichkeit: unbekömmlicher Karbolchampignon (A. xanthoderma), dessen Stielbasis stark gelb verfärbt und der auffällig nach Karbol riecht.

Auf einen Blick: Wiesenpilz, besonders nach trockenen Sommern, Ring nach oben abziehbar.

39 Schafchampignon, Anis-Champignon *(Agaricus arvensis var. macrolepis)*

Vorkommen: Mai–Oktober in Gärten, an Waldrändern und in Parkanlagen.

Hut: 8–15 cm, weisslich, bald gilbend, seidig glänzend, fein eingewachsen-filzig, jung glockig-kugelig, dann gewölbt bis flach gewölbt, dickfleischig.
Lamellen: frei, nie rosa, graulich, dann dunkelbraun, schmal, dicht.

Stiel: 5–16 cm lang, 1–3 cm dick, weisslich-gelblich, gelb fleckend, Ring zweischichtig, Unterseite sternförmig aufspaltend, Basis verdickt bis knollig.
Fleisch: weiss, gilbend, fest, aber zart, Geruch nach Anis oder Bittermandel.
Verwechslungsmöglichkeit: unbekömmlicher Karbolchampignon (A. xanthoderma), dessen Stielbasis stark gelb verfärbt und der auffällig nach Karbol riecht.

Auf einen Blick: gilbender Champignon mit starkem Anisgeruch.

40 **Parasol, Grosser Schirmling** *(Macrolepiota procera)*

Vorkommen: Juli–Oktober in lichten Wäldern, an grasigen Waldrändern.

Hut: 10–25 cm, hellbraun mit hellerem Raum, jung kugelig-eiförmig, gewölbt bis flach aufschirmend und Huthaut in grobe Schuppen zerbrechend, Rand behangen.
Lamellen: frei, mit Collar, weiss, dann rosa, weich, breit, dichtstehend.
Stiel: 15–30 cm lang, 2 cm dick, über dem Ring weisslich glatt, darunter bräunlich schuppig bis genattert, Ring dickwattig, fetzig, verschiebbar, Basis knollig, Stiel hohl.
Fleisch: weiss, in Stielspitze auch zartrosa, jung saftig, älter zäh und elastisch, Stielfleisch strähnig.
Verwechslungsmöglichkeit: unbekömmlicher Spitzschuppiger Schirmling (Lepiota aspera), der einen auffallend widerlich stechenden Geruch besitzt.

Auf einen Blick: grosser schirmähnlicher Pilz mit beweglichem Ring.

41 **Safran- oder Rötender Schirmling** *(Macrolepiota rhacodes)*

Vorkommen: Juli–Oktober in Wäldern und Parkanlagen.

Hut: 10–15 cm, jung braun, kugelig, hochpolsterförmig aufschirmend, dann flach, Huthaut in grobe Schuppen zerbrechend, Rand behangen.
Lamellen: frei, weiss, Schneiden bei Berührung rötlich verfärbend, dicht, breit.
Stiel: 12–15 cm lang, 1,5 cm dick,weisslich, berührt oder alt rotbraun, kahl bis faserstreifig, Ring häutig-wattig, verschiebbar, Basis knollig.
Fleisch: weiss, im Anschnitt safranrötlich verfärbend, jung zart, älter elastisch, im Stiel fasersträhnig.
Verwechslungsmöglichkeit: unbekömmlicher Spitzschuppiger Schirmling (Lepiota aspera) mit widerlich stechendem Geruch. Die Einblendung zeigt die var. hortensis, die eine ausgeprägte, gerandete Knolle hat; Geniessbarkeit umstritten.

Auf einen Blick: schirmähnlicher Pilz mit safranrötlich verfärbendem Fleisch.

42 **Schopftintling, Spargelpilz** *(Coprinus comatus)*

Vorkommen: Mai–November an gedüngten Plätzen, in Gärten, Wiesen, Parks.

Hut: 5–10 cm hoch, weiss, Scheitel bräunlich, jung walzenförmig, nicht direkt aufschirmend, bis ins Alter rundlich-walzenförmig, Scheitel glatt, sonst schuppig, filzig.

Lamellen: frei, weiss, vom Rand her über Rosa und Lilarosa schwärzlich verfärbend und tintig zerfliessend.
Stiel: bis 15 cm lang, 1–1,5 cm dick, weiss, glatt bis zartfaserig, Ring herabfallend bis flüchtig, Basis verdickt, Stiel enghohl, dann hohl.
Fleisch: weiss, zart.
Verwechslungsmöglichkeit: keine mit Giftpilzen.

Auf einen Blick: hochwalzenförmiger Pilz, im Alter tintig zerfliessend.

43 Faltentintling *(Coprinus atramentarius)*

Vorkommen: Mai–November auf Feldern, in Gärten, unter Gebüsch, dichtbüschelig.

Hut: 3–7 cm hoch, aschgrau bis graubräunlich, Scheitel mit feinen Schuppen, jung kerbig-eiförmig, dann glockenförmig, zuletzt kegelförmig aufgeschirmt, Rand breit feinriefig-faltig, alt einreissend und tintig zerfliessend.

Lamellen: frei, weiss, dann schwarz, zuletzt zerfliessend.

Stiel: 6–15 cm lang, 0,7–1,5 cm dick, weisslich, glatt, zartfaserig, jung voll, später hohl.

Fleisch: weiss, dünn.

Verwechslungsmöglichkeit: keine mit Giftpilzen.

Anmerkung: Bei Unverträglichkeit mit Alkohol (nur ein gewisser Prozentsatz) auch einen Tag vorher und nachher keinen trinken.

Auf einen Blick: dichtbüschelig wachsender weissgrauer Pilz, im Alter tintig zerfliessend.

44 **Behangener Faserling** *(Psathyrella candolleana)*

Vorkommen: ab Mai um Laubholzstrünke und bei faulendem Holz.

Hut: 3–6 cm, wasseraufsaugend, feucht gelb, trocken fast weisslich bis graugelblich, Scheitel etwas dunkler, jung kugelig, bald flach aufgeschirmt, Rand scharf, behangen, aufspaltend, sehr brüchig.
Lamellen: weiss, dann lilagrau, alt dunkelbraun, schmal, dichtstehend.

Stiel: 5–6 cm lang, 0,3–0,5 cm dick, weisslich, glatt bis schwach faserig, hohl, sehr brüchig.
Fleisch: weiss, zart, dünn.
Verwechslungsmöglichkeit: keine mit Giftpilzen.

Auf einen Blick: zarter brüchiger Pilz mit behangenem Hutrand.

45 Rauchblättriger oder Graublättriger Schwefelkopf

(Hypholoma capnoides)

Vorkommen: im Spätherbst an Nadelholzstrünken, büschelig.

Hut: 2–6 cm, gelb- bis orangebräunlich, mattgelb, Zentrum etwas mehr gefärbt, kahl, jung gewölbt, bald flach und ungleich gewellt, Rand bei Feuchtigkeit wässrig durchzogen, jung feinfaserig behangen.
Lamellen: weisslich, dann hellgrau bis mittel(rauch)grau, untermischt, mittelweit.
Stiel: schwach gelblich-bräunlich, zur Basis rostbraun, Spitze glatt, sonst feinfaserig oder schwach flockig, hohl.
Fleisch: weisslich, dünn, knackig-zart, Geschmack roh nussartig.
Verwechslungsmöglichkeit: Grünblättriger Schwefelkopf (H. fasciculare), der stark bitter schmeckt, jedoch nicht zu den gefährlichen Giftpilzen gehört.

Auf einen Blick: später Pilz, auch während des Frostes, an Nadelholzstrünken mit nussartigem Geschmack.

46 **Stockschwämmchen** *(Kuehneromyces mutabilis)*

Vorkommen: April–Dezember an Strünken vorwiegend von Laubholz, büschelig.

Hut: 3–6 cm, gelb-bräunlich mit stärker gefärbter Mitte, bei Feuchtigkeit mit dunklerem, wässrigem Rand, kahl, jung gewölbt-rundlich, bald flach gewölbt und wellig, Rand dünn, bei Trockenheit aufspaltend.
Lamellen: etwas am Stiel herablaufend, blassbraun, später bis rostbraun, dünn, dichtstehend.

Stiel: 5–7 cm lang, kleiner, aber deutlicher Ring im oberen Drittel, darüber blass und fast gerieft, darunter braunschuppig, zäh, im Alter hohl.
Fleisch: blass, dünn, zart, im Stiel zur Basis braun, fasersträhnig.
Verwechslungsmöglichkeit: Nadelholzschüppling, Nr. 79, der nur an Nadelholz wächst und glatten Stiel hat.

Auf einen Blick: büscheliger Pilz an Laubholzstrünken mit durchwässertem Rand.

47 **Zigeuner, Reifpilz** *(Rozites caperata)*

Vorkommen: Juli–Oktober im Nadelwald auf sauren Böden, seltener auch im Laubwald, in Kolonien.

Hut: 6–12 cm, tonblass, tonbraun, lilasilbrig bereift, jung kegelig-glockig, dann gewölbt bis flach, Buckel behaltend, Rand jung behangen, alt aufspaltend.
Lamellen: mit Zahn angewachsen, blassbraun, breit, Schneide weisslich, sägeblattartig gekerbt.
Stiel: 5–10 cm lang, 1–2 cm dick, weisslich-braun, seidig, später fein faserstreifig, häutiger Ring.
Fleisch: weisslich-bräunlich, oft wässrig durchzogen.
Verwechslungsmöglichkeit: der schwach giftige Lila Dickfuss (Cortinarius traganus) hat safrangelbes Fleisch und üblen Geruch, andere Haarschleierlinge haben rostbraunes Sporenpulver, der Zigeuner rostgelbes.

Auf einen Blick: gebuckelter, deutlich bereifter Pilz der sauren Nadelwälder.

48 Ziegelgelber oder Semmelbrauner Schleimkopf

(Cortinarius varius)

Vorkommen: Juli–Oktober im Nadelwald auf Kalk.

Hut: 3–10 cm, semmelgelb, ziegelrötlich, bräunlich, Rand heller, jung schmierig, kahl, jung halbkugelig, dann gewölbt, dickfleischig, Rand behangen.
Lamellen: mit Zahn herablaufend, lila, später rostbraun, Schneiden gekerbt.
Stiel: 5–8 cm lang, 1–1,5 cm dick, weisslich, später rostbräunlich vom Sporenpulver gepudert, leicht zottig, meist kahl, Basis verdickt, ringähnliche Hüllreste im oberen Stieldrittel.
Fleisch: weiss, voll, dick, fest, aber zart, im Stiel leicht grauend oder graubräunlich verfärbend.
Verwechslungsmöglichkeit: keine mit Giftpilzen, ähnliche ungeniessbare Haarschleierlinge werden einen üblen Geruch aufweisen oder bitter schmecken.

Auf einen Blick: ziegelgelber Hut, lila Lamellen, Reste einer Haarschleierhülle.

49 **Speisetäubling** *(Russula vesca)*

Vorkommen: Juli–Oktober im Laub- und Nadelwald, in Parkanlagen.

Hut: 5–10 cm, fleischrot, bräunlich, Zentrum oft ockerliche Zonen, jung etwas klebrig, dann kahl, jung halbkugelig, dann flach bis Mitte niedergedrückt, Rand scharf, Huthaut die Lamellen etwas freilegend.
Lamellen: weiss, rostfleckig, breit angewachsen, teils gegabelt, dichtstehend.
Stiel: 3–6 cm lang, 2–3 cm dick, weiss, rostfleckig, gerunzelt, aderig, Basis zugespitzt.
Fleisch: weiss, in der Stielrinde alt gräulich, fest, mürbe, Geschmack nussartig.
Verwechslungsmöglichkeit: keine mit Giftpilzen, ähnliche ungeniessbare Täublinge würden scharf oder bitter schmekken.

Auf einen Blick: fleischbräunlicher Täubling, Huthaut die Lamellen etwas freilegend.

50 **Buckeltäubling** *(Russula coerulea)*

Vorkommen: Juni–Oktober im Kiefernwald.

Hut: 4–7 cm, dunkelpurpurviolett, trüb weinrot, Zentrum dunkler, teils ockerfleckig, kahl, glänzend, jung glockig-halbkugelig, dann flach mit leicht vertiefter Mitte und auffälligem Buckel.
Lamellen: creme bis ockerlich, fast alle gleich lang, kurz vor dem Stiel teils gegabelt.
Stiel: 5–7 cm lang, 1–2 cm dick, weiss, später gelblich, fast glänzend, seidig-feinflockig bis zart gestreift, brüchig, bald hohl.
Fleisch: weiss, gelblich, dünn, zart, brüchig, Geschmack der Huthaut bitterlich (abziehen vor der Verwertung).
Verwechslungsmöglichkeit: keine mit Giftpilzen.

Auf einen Blick: trübweinroter Täubling mit auffallendem Buckel im Zentrum.

51 **Frauentäubling** *(Russula cyanoxantha)*

Vorkommen: Juli–Oktober im Laub- und Nadelwald, vorwiegend bei Buchen.

Hut: 5–15 cm, trübviolett mit grünlichen Tönen, aber auch fast grün, bräunlich, gelblich, graulich, schmierig-klebrig, jung halbkugelig, bald flach mit vertiefter Mitte, Rand scharf, teils gerippt.
Lamellen: weiss, untermischt, gabelig, auffällig weich und elastisch.
Stiel: 5–10 cm lang, 1,5–2,5 cm dick, weiss, manchmal violettlich, voll, fest, Basis leicht zugespitzt.
Fleisch: weiss, unter der Huthaut purpurviolettlich, mürbe, brüchig.
Verwechslungsmöglichkeit: keine mit Giftpilzen, ähnliche ungeniessbare Täublinge schmecken bitter oder scharf.

Auf einen Blick: violettlich-grünlicher Täubling mit elastischen Lamellen.

52 **Fichtenreizker** *(Lactarius deterrimus)*

Vorkommen: August–November unter Fichten.

Hut: 3–10 cm, gelbrötlich, orangerötlich, grünspanig gefleckt oder gezont, kahl, jung flach-halbkugelig, dann flach mit lange eingeschlagenem Rand, alt Mitte vertieft und Rand aufgeschlagen, wellig.
Lamellen: leicht herablaufend, dichtstehend, gegabelt, gelblichorange, grünspanig gefleckt.

Stiel: 3–7 cm lang, 1–2,5 cm dick, orangegelblich, grünspanig, Spitze hell, nach unten gelborange wie Hut, zart feinflockig, faserig.
Fleisch: gelblich, bei Anschnitt oder Verletzung karottenrote Flüssigkeit absondernd, die nach etwa 15 Minuten weinrot umfärbt, leicht bitter.
Verwechslungsmöglichkeit: keine mit Giftpilzen.

Auf einen Blick: orangeroter Milchling mit karottenroter Flüssigkeitsabsonderung.

53 **Milchbrätling** *(Lactarius volemus)*

Vorkommen: Juli–Oktober im Laub- und Nadelwald.

Hut: 6–20 cm, rotbraun, orangebraun, gelblich, kahl, matt,feinsamtig, jung halbkugelig, bald flach, dann Mitte etwas vertieft, Rand lange nach unten gebogen.
Lamellen: leicht herablaufend, blassgelb, bei Verletzung braunfleckig, dicklich, spröde.
Stiel: 6–12 cm lang, 1–3 cm dick, gelblichorangebräunlich, bei Verletzung braunfleckend, leicht bauchig, zart faserstreifig.
Fleisch: weisslich, mürbe, bei Verletzung reichlich mild schmeckende, weisse Flüssigkeit absondernd, an diesen Stellen braun verfärbend, Geruch alter Pilze nach Heringslake.
Verwechslungsmöglichkeit: keine mit Giftpilzen; die Milch ähnlicher ungeniessbarer Milchlinge würde bitter oder scharf schmecken.

Auf einen Blick: orangeroter Milchling mit reichlicher weisser, milder Flüssigkeitsabsonderung, Heringsgeruch.

54 Mohrenkopfmilchling, Schornsteinfeger, Pasterle

(Lactarius lignyotus)

Vorkommen: August–Oktober im sauren Fichtenwald, besonders in Berglagen.

Hut: 2–6 cm, dunkelschwarzbraun, matt, gerunzelt-geadert, jung flachkugelig, bald flach aufgeschirmt mit vertiefter Mitte, zentraler Buckel.
Lamellen: weisslich, dann cremefarben, herablaufend, an der Stielspitze Farbe und Beschaffenheit des Stiels annehmend.
Stiel: 5–9 cm lang, etwa 1 cm dick, dunkelbraunsamtig, gerunzelt bis längsrinnig, an der Spitze farblich auffällig scharfrandig gegen die Lamellen abgesetzt, dort in die Form der Lamellen übergehend.
Fleisch: weiss, mürbe, zart, bei Verletzung weiss-wässerige Flüssigkeit absondernd, dort später zartrosa verfärbend, Geschmack nussartig.
Verwechslungsmöglichkeit: keine mit Giftpilzen, ähnliche ungeniessbare Milchlinge würden scharf oder bitter schmekken.

55 **Semmelstoppelpilz** *(Hydnum repandum)*

Vorkommen: Juli–November im Laub- und Nadelwald.

Hut: 5–12 cm, weissgelblich, ockergelblich, rötlichgelb, matt, kahl, jung ungleich-halbkugelig, stark verformt aufschirmend, dickfleischig, Rand lange nach unten eingebogen.
Stacheln: etwas am Stiel herablaufend, weisslich-gelblich, sehr zerbrechlich.

Stiel: 3–6 cm lang, 1–3 cm dick, weisslich, matt, feinflockig, Basis mit dem Substrat verwachsen.
Fleisch: weisslich, gelblich, trocken, mürbe, brüchig, färbt die Finger braun.
Verwechslungsmöglichkeit: keine mit Giftpilzen.

Auf einen Blick: semmelgelblicher Pilz mit brüchigen Stacheln an der Hutunterseite.

56 **Habichtspilz, Rehfellchen** *(Sarcodon imbricatus)*

Vorkommen: August–November im Nadelwald.

Hut: 6–20 cm, bräunlich bis matt-olivbräunlich, matt, Huthaut in grobe abstehende Schuppen aufbrechend, diese dunkler gefärbt, jung flach-halbkugelig, bald aufgeschlagen mit vertiefter Mitte, Rand lange nach unten eingebogen.
Stacheln: am Stiel etwas herablaufend, hellgrau, dann bräunlich, dicht, sehr brüchig.

Stiel: 3–6 cm lang, 1–3 cm dick, graubräunlich, glatt, faserig-flockig, keulig, derb, voll.
Fleisch: weisslich, graubräunlich, fest, derb, Geschmack leicht bitterlich.
Verwechslungsmöglichkeit: keine mit Giftpilzen, ähnliche ungeniessbare Stachelpilze würden scharf oder sehr bitter schmecken.

Auf einen Blick: meist grosser flacher Pilz mit auffällig geschupptem Hut und Stacheln an der Hutunterseite.

57 **Schafporling** *(Albatrellus ovinus)*

Vorkommen: Juli–Oktober im Nadelwald.

Hut: 5–12 cm, blassgelblich, gelbbräunlich, semmelfarben, meist Hüte büschelig verwachsen und verformt, nur Einzelexemplare fast kreisrund, Huthaut matt, feinfilzig, alt felderig-rissig.
Poren: am Stiel etwas herablaufend, weiss, dann gelblich mit grünlichem Schimmer, kurz, sehr fein.
Stiel: 3–5 cm lang, 1–3 cm dick, weiss, glatt, derb, fleischig, voll, brüchig, oft zu vielen verwachsen.
Fleisch: weiss, nach Anschnitt später gelb (auch beim Kochen), derb, aber zart.
Verwechslungsmöglichkeit: keine mit Giftpilzen.

Auf einen Blick: hellsemmelfarbener flacher Pilz mit Poren an der Hutunterseite, meist zu vielen büschelig verwachsen.

58 Flaschenbovist *(Lycoperdon perlatum)*

Vorkommen: Juni–November in Wäldern, auf Heiden, an Grasplätzen.

Fruchtkörper: 3–8 cm hoch, weisslich, alt graubräunlich, keulig mit zugespitzter Basis, dicht mit abwischbaren gröberen und feineren Stacheln besetzt, weichfleischig, bei Reife bildet sich eine zentrale Öffnung, aus der die Sporen entweichen, Stielbasis etwas gefaltet.

Fleisch: jung weiss, voll, schnittfest (in diesem Zustand essbar), dann gelbgrünlich breiig, zuletzt pulverig-trocken, staubig-trocken.

Verwechslungsmöglichkeit: keine mit Giftpilzen.

Auf einen Blick: keuliger, jung weisser Pilz mit abwischbaren stachelähnlichen Gebilden.

59 **Riesenbovist** *(Langermannia gigantea)*

Vorkommen: August–Oktober auf Wiesen und Weiden.

Fruchtkörper: 10–50 cm, weiss, cremefarben, graugelb oder gelbbräunlich, jung glatt, dann handschuhlederartig, alt felderig gerissen, fast kugelig rund wie ein Ball. Basis sackartig abgeschnürt.

Fleisch: jung weiss, schnittfest (und so essbar), später weich, grünlichgelb, feucht-breiig, schliesslich olivbraun, trokken-pulverig.

Verwechslungsmöglichkeit: keine mit Giftpilzen.

Auf einen Blick: grosser runder, ballähnlicher, weisslicher Pilz.

60 **Austernseitling** *(Pleurotus ostreatus)*

Vorkommen: November–Februar an Laubholzstümpfen, selten an Fichte.

Hut: 4–15 cm, grau, graubläulich, graubräunlich, zungen- bis muschelförmig, Rand lange nach innen gebogen, Mitte jung gewölbt, dann niedergedrückt, glatt.
Lamellen: etwas am Stiel herablaufend, weisslich, dichtstehend.
Stiel: 1–4 cm lang, 1–3 cm dick, weisslich, bräunlich, meist sehr kurz, oft seitlich, Basis zu mehreren büschelig verwachsen, striegelig.
Fleisch: weiss, jung weich und zart, bald zäh, im Stiel korkartig, Geruch alter Pilze fischartig.
Verwechslungsmöglichkeit: keine mit Giftpilzen.

Auf einen Blick: Winterpilz, büschelig an Laubholzstrünken.

61 **Schwefelporling** *(Laetiporus sulphureus)*

Vorkommen: Mai–September an lebenden und toten Laubbäumen, selten an Nadelbäumen.

Fruchtkörper: 20–30 cm, ungestielt aus krankhaften Stellen von Baumstämmen wachsend, muschelförmig, übereinander angeordnet, Oberseite schwefelgelb, oft mit orangerotem Rand, gerunzelt-gerippt, faltig, matt, feinfilzig. Unterseite schwefel- bis zitronengelb, Porenschicht mit sehr feinen Mündungen.

Fleisch: gelb, blassgelb, weisslich, jung bröckeligweich, bald zäh, zum stielähnlichen Ansatz korkig.

Verwechslungsmöglichkeit: keine mit Giftpilzen.

Auf einen Blick: früher, leuchtend gelber Pilz, muschelförmig aus Stämmen wachsend.

62 Pfifferling, Eierschwamm, Rehling *(Cantharellus cibarius)*

Vorkommen: Juni–November in Laub- und Nadelwald.

Hut: 3–5 cm, dottergelb, trocken mattgelb, jung etwas klebrig, glatt oder leicht rissig (eine Abart zeigt lila Schüppchen), jung schon ungleich verformt mit stark eingekrempeltem Rand, später flach und mit vertiefter Mitte.
Leisten: am Stiel weit herablaufend, dottergelb, fahlgelb, gegabelt.
Stiel: 3–6 cm lang, 1–2 cm dick, hellgelb, feinfaserig-schuppig, Basis zugespitzt.
Fleisch: weisslich, mürbe, zart, im Stiel etwas faserig, Geschmack roh pfefferartig scharf.
Verwechslungsmöglichkeit: kaum mit dem giftigen Ölbaumtrichterling (Omphalotus olearius), der im Süden, besonders an Olivenbäumen vorkommt und nicht pfefferartig schmeckt.

Auf einen Blick: in Kolonien wachsender gelber Pilz mit pfefferartig scharfem Geschmack.

63 **Trompetenpfifferling** *(Cantharellus tubaeformis)*

Vorkommen: Juli–November in Gruppen im Laub- und Nadelwald.

Hut: 2–5 cm, feucht dunkelgraubraun, gelblichgrau, trocken heller, zartflockig bis glatt, konzentrisch gerunzelt-gefurcht, radial feingerippt, jung gewölbt mit genabelter Mitte, bald trichterförmig und mehr und mehr trompetenförmig durchbohrt, Rand dünn, wellig verbogen.

Leisten: etwas am Stiel herablaufend, dicklich, weitstehend, hellgrau-gelblich.
Stiel: 5–6 cm lang, gelblich, graulich, orangegelblich, glatt, grubig bis breitgedrückt, röhrig-hohl.
Fleisch: dünn, zart, weisslich-wässerig.
Verwechslungsmöglichkeit: keine mit Giftpilzen.

Auf einen Blick: in grösseren Gruppen wachsender kleinerer trompetenförmiger Pilz.

64 **Herbsttrompete, Totentrompete** *(Craterellus cornucopioides)*

Vorkommen: August–November im Laub- und Nadelwald.

Fruchtkörper: 5–12 cm, trompetenförmig hohl bis zur Stielbasis, wellig-flatterig verbogen, Hutinnenseite graubraun, flockig bis schuppig, Aussenseite aschgrau, graubräunlich, grauviolett, runzelig, längsgrubig, Basis oft zu mehreren büschelig verwachsen.

Fleisch: dünn, elastisch, jung aber auch brüchig.
Verwechslungsmöglichkeit: keine mit Giftpilzen.

Auf einen Blick: in grossen Gruppen wachsender bis zum Grunde offener trompetenförmiger Pilz.

65 **Schweinsohr** *(Gomphus clavatus)*

Vorkommen: August–Oktober im Misch- und Nadelwald auf Kalk, besonders in Berglagen.

Fruchtkörper: bis 9 cm hoch, kreiselförmig, Oberseite ockerbräunlich (Herbstlaub sehr ähnlich), jung auch mit violetten Tönen, trocken, matt, wenig gerunzelt, Aussenseite fleischfarben-violett, zur Basis dunkler, Leisten gabelig, queraderig, angedeutet bis zur Basis herablaufend.

Fleisch: weiss, dick, aber zart.
Verwechslungsmöglichkeit: keine mit Giftpilzen.

Auf einen Blick: kreiselförmiger herbstlaubfarbener Pilz mit dickem weissem Fleisch.

66 **Krause Glucke, Fette Henne** *(Sparassis crispa)*

Vorkommen: August–November am Grunde von Kiefernstämmen, selten an anderen Baumarten.

Fruchtkörper: 20–30 cm gross (auch grösser), badeschwammartig, blumenkohlkopfähnlich, cremefarben, bald mit bräunlichen Rändern, älter karamel- bis mittelbraun, Einzelblättchen wellig-gewunden, dünn, mit wellig-krausen oder gelappten Rändern, Strunk fleischig-dick, mit Kiefernnadeln und Substrat verwachsen und durchwachsen.

Fleisch: weisslich, wachsartig, zart, Geschmack mild.
Verwechslungsmöglichkeit: mit leicht giftigen Korallenpilzen, die roh probiert bitter schmecken und statt Blättchen korallenförmige Ästchen aufweisen.

Auf einen Blick: badeschwammartiger Pilz am Fusse von Kiefernstämmen.

67 **Speisemorchel** *(Morchella esculenta)*

Vorkommen: April–Mai im Laubwald, in Parkanlagen, kalkliebend.

Hut: 6–12 cm hoch, 4–8 cm breit, jung creme-graulich, später ockerlich bis karamelfarben, rostbraunfleckig an den scharfen Rändern der gekammerten Gruben, Wände der Gruben trocken, runzelig bis feinfaltig, Hut innen hohl.

Stiel: 4–8 cm lang, 1–2 cm dick, weisslich, hellgelblich, grubig, kleiig-körnig, Basis verdickt und faltig, innen ganzer Stiel hohl.
Fleisch: zart, wachsartig, brüchig.
Verwechslungsmöglichkeit: Frühjahrslorchel, Nr. 80.

Auf einen Blick: wabenartig gekammerter Pilz im Frühjahr auf Kalkboden.

68 **Spitzmorchel** *(Morchella conica)*

Vorkommen: April–Mai in Wäldern, in Parkanlagen, auf Holzplätzen.

Hut: 3–7 cm hoch, 2–3 cm breit, grau- bis schwarzbraun, olivbraun, schlank, spitzkegelig, mit langgezogenen, in Längsrichtung verlaufenden Gruben, Leisten angedeutet parallel verlaufend, Grubenwände matt, feinrunzelig, Hut innen hohl, Wände kleiig.

Stiel: 3–6 cm lang, 1–1,5 cm breit, weisslich, glatt, zart-kleiig, grubig-faltig, innen hohl.
Fleisch: etwas zählich, brüchig, wachsartig.
Verwechslungsmöglichkeit: Frühjahrslorchel, Nr. 80.

Auf einen Blick: spitzkegeliger, dunkler, grubig-gekammerter Pilz.

69 Morchelbecherling, Flatschmorchel *(Disclotis venosa)*

Vorkommen: April–Mai in Laubwäldern, besonders in Auwäldern.

Fruchtkörper: 3–15 cm, innen gelbbraun, rostbraun, dunkelrotbraun, trocken, matt, runzelig-grubig, aussen weisslich, hellokkerfarben, rostbraunfleckig, feinschuppig, leicht gerippt, am Stielansatz grubig zusammengezogen, jung fast geschlossen, bald schüssel- dann tellerförmig verflachend, Rand ungleich gerandet, wellig, einreissend.

Fleisch: weiss, wachsartig, zart, Geruch nach Chlor.

Verwechslungsmöglichkeit: keine mit Giftpilzen.

Auf einen Blick: grosser brauner Becherling mit Chlorgeruch.

70 **Blasiger Becherling** *(Peziza vesiculosa)*

Vorkommen: April–September auf alten Mist- und Komposthaufen, gedüngtem Boden, verrottendem Stroh, Champignonzuchtbeeten usw.

Fruchtkörper: 2–8 cm, innen schmutzig hellockerfarben, ockerbräunlich, dunkelbräunlich, glatt, matt, aussen heller, weisslich bis blassbräunlich, braunfleckig gezont, feinflockig-körnig, kleiig-schuppig, runzelig, jung kugelig und fast geschlossen, bald blasen- bis schüsselförmig, ungleich verformt, Rand lange nach innen gebogen, ungleich gerandet, Basis zusammengezogen, ungestielt aufsitzend.

Fleisch: wachsartig, sehr brüchig, fast durchscheinend.

Verwechslungsmöglichkeit: keine mit Giftpilzen.

Auf einen Blick: in grossen Ansammlungen wachsender Becherpilz, blasenförmig geschlossen.

UNGENIESSBARE UND GIFTIGE PILZE

71 Grüner Knollenblätterpilz *(Amanita phalloides)*

Vorkommen: Juli–Oktober im Laubwald, besonders bei Eichen.

Hut: 6–12 cm, olivgrün bis gelbgrün, graugrün mit Stich in Kupferfarbe, jung etwas klebrig, trocken mattseidig glänzend, feinfaserig, Huthaut abziehbar, jung eiförmig, in Gesamthülle eingeschlossen, nach dem Herausschlüpfen Hut halbkugelig, dann gewölbt bis flach aufgeschirmt.

Lamellen: frei, weiss, weich.
Stiel: 8–15 cm lang, 1–2,5 cm dick, weiss, gelbgrünlich, gefasert, geschuppt oder genattert, Basis knollig, steckt in weisslicher offen abstehender Scheide, im oberen Stieldrittel dünnhäutige Manschette bei jungen Pilzen, bei alten fehlend.
Fleisch: weiss, zart, Geruch süsslich-honigartig bis widerlich (nicht probieren!).

Auf einen Blick: grünlicher Lamellenpilz mit Manschette am Stiel und abstehender Scheide.

72 **Kegelhütiger Knollenblätterpilz, Spitzhütiger oder Kegeliger Wulstling** *(Amanita verna)*

Vorkommen: Juli–September besonders im Nadelwald.

Hut: 7–10 cm, weiss, Scheitel ockerlich bis hellbräunlich, jung klebrig, kahl, trocken seidig glänzend, jung kegelig-glockig, später kegelig-gewölbt bis flacher gebukkelt.
Lamellen: frei, weiss.

Stiel: bis 15 cm lang, 1–2,5 cm dick, weiss, seidig glänzend, schuppig aufgerissen, faserig-flockig, Basis verdickt, steckt in anliegender Scheide, im oberen Stieldrittel flüchtige sehr dünnhäutige Manschette.
Fleisch: weiss, zart, Geruch unangenehm (nicht probieren!).

Auf einen Blick: weisser kegelhütiger Lamellenpilz mit flüchtiger Manschette am Stiel und Scheide an der Basis.

73 **Pantherpilz** *(Amanita pantherina)*

Vorkommen: Juli–Oktober im Laubwald, selten im Nadelwald.

Hut: 5–10 cm, graubraun, gelbbraun, im Gebirge auch dunkelbraun, besetzt mit weissen abwischbaren Schüppchen (Hüllresten), feuchtglänzend, trocken seidig matt bis glänzend, Rand leicht gerieft, Huthaut abziehbar, jung halbkugelig, von pulverig-weisser Gesamthülle überzogen, dann hoch gewölbt bis flach.
Lamellen: frei, weiss, dichtstehend.
Stiel: 5–12 cm lang, 1–2 cm dick, weiss, feinflockig bis faserig-schuppig, Basis steckt in einem rundlichen angewachsenen Scheidenwulst, darüber einige Schuppenzonen, am oberen Stiel schmale Manschette.
Fleisch: weiss, weich, Geruch rettichartig.

Auf einen Blick: brauner Lamellenpilz mit auffallend weissen Hüllresten auf dem Hut.

74 **Fliegenpilz** *(Amanita muscaria)*

Vorkommen: Juli–November im Laub- und Nadelwald, besonders bei Birken.

Hut: 5–15 cm, leuchtend rot, orangerot, auch gelblich (Abart braun), mit warzigen Schüppchen (Hüllresten) bedeckt, mattglänzend, jung halbkugelig und von Gesamthülle warzig überzogen, dann gewölbt bis flach gewölbt.
Lamellen: frei, weiss, weich, dicht.

Stiel: bis 20 cm lang, 1,5–2,5 cm dick, weiss, faserig-flockig, Basis verdickt, durch mehrere Warzengürtel geziert, am oberen Stiel häutige, schlaffe Manschette, warzig gesäumt.
Fleisch: weiss, weich, unter der Huthaut gelb bis orange.

Auf einen Blick: roter Lamellenpilz mit weisslichen warzigen abwischbaren Schuppen.

75 Orangefuchsiger Hautkopf *(Cortinarius orellanus)*

Vorkommen: August–Oktober im Laub- und Mischwald unter Eichen, auf sandig-sauren Böden.

Hut: 3–8,5 cm, orangefuchsig, bräunlich bis dunkelbraun mit rötlichen Tönen, kahl, feinfaserig-filzig, trocken, jung halbkugelig, bald flach aufgeschirmt mit leichtem Buckel, Rand erst eingebogen, dann wellig.

Lamellen: mit Zahn herablaufend, zimtbraun, bräunlich, breit, dicklich, weitstehend, untermischt.
Stiel: 3–7 cm lang, 1–1,2 cm dick, gelb, bräunlich, zartfaserig, fest, voll, teils Basis verjüngt.
Fleisch: gelblich bis schwach fuchsig, im Hut schwach rotbräunlich, zart, weich.

Auf einen Blick: seltener, eher unscheinbarer orangebrauner Pilz, der keine direkte Ähnlichkeit mit üblicherweise gesammelten Speisepilzen besitzt.

76 **Riesenrötling** *(Entoloma sinuatum)*

Vorkommen: Juli–September im Laubwald auf Lehmboden.

Hut: 6–20 cm, elfenbeinweiss bis lederockerlich, graubräunlich, nicht hygrophan, seidig glänzend, eingewachsen feinfaserig, derbfleischig, Huthaut abziehbar, kahl, jung halbkugelig, dann hoch gewölbt bis gewölbt, im Alter verflacht, Rand lange eingebogen.
Lamellen: breit angewachsen bis ausgebuchtet, gelblich, dann fleischrosa, schmal, untermischt.

Stiel: 6–10 cm lang, 1–2,5 cm dick, weisslich, hellockerbräunlich feinfaserig, auch feinschuppig, Spitze bereift, fleischig, zuletzt hohl.
Fleisch: weiss, zart, derb, Geruch auffallend drogenartig.

Auf einen Blick: grosser bräunlicher Lamellenpilz (Rötling, da rötliches Sporenpulver) mit auffallendem drogenartigem Geruch.

77 **Ziegelroter Risspilz, Mairisspilz** *(Inocybe patouillardii)*

Vorkommen: Mai–Juni im Laubwald, in Parkanlagen.

Hut: 2,5–8 cm, weisslich, strohgelblich, radialfaserig, rissig, an Rissen und vom Rand her ziegelrot verfärbend, jung kegelig-glockig, bald flach mit kegeligem Bukkel, Rand ungleich wellig.
Lamellen: angeheftet bis frei, cremerosa, bald olivbräunlich, Schneide weiss, an Druckstellen und im Alter ziegelrot verfärbend.
Stiel: 5–6 cm lang, 0,8–2 cm dick, weisslich, feinfaserig bis streifig, zartflockig, derb, voll, Basis knollig verformt, Stiel im Alter ziegelrot.
Fleisch: weiss, zart, nach Anschnitt stellenweise ziegelrötlich verfärbend, Geruch süsslich-spirituös.

Auf einen Blick: in Gruppen wachsender heller Lamellenpilz, der im Alter gänzlich ziegelrot verfärbt.

78 **Tigerritterling** *(Tricholoma pardinum)*

Vorkommen: August–Oktober im Laub- und Nadelwald, kalkliebend.

Hut: 4–12 cm, grau, bräunlich, silbergrau, bläulichgrau, Huthaut in Schuppen aufreissend, darunter cremefarben, dickfleischig, jung halbkugelig-glockig, dann gewölbt mit zentralem Buckel, im Alter ausgebreitet und ungleich wellig, Rand lange nach unten eingebogen.
Lamellen: ausgebuchtet, weisslich mit grünlichgelbem Ton, breit, dicklich, teils Tröpfchen ausscheidend (tränend).

Stiel: 4–12 cm lang, 1,5–2,5 cm dick, weisslich, fein faserschuppig, fest, voll, derb, Basis verdickt, bisweilen rostfleckig.
Fleisch: weisslich, derb, aber zart, Geruch stark nach Mehl (nicht probieren!).

Auf einen Blick: grauschuppiger Lamellenpilz mit Mehlgeruch. Roh probiert sehr giftig. Starke Ähnlichkeit mit essbaren Erdritterlingen. (Rechts oben: bräunliche Erscheinungsform.)

79 **Nadelholzschüppling** *(Galerina marginata)*

Vorkommen: August–Oktober an Nadelholzstümpfen, auf Nadelholzabfällen.

Hut: 2–3 cm, gelbbraun, ockerlich, feucht mit dunklerer Randzone, Rand leicht gerieft, kahl, jung halbkugelig-glockig, bald gewölbt bis flach mit zentralem Buckel, im Alter aufgeschlagen und ungleich wellig verformt.
Lamellen: gelblich-bräunlich, etwas am Stiel herablaufend, untermischt.

Stiel: 5–7 cm lang, 0,5 cm dick, glatt bis feinfaserig, Spitze zart punktiert, oben heller, zur Basis dunkler braun, am oberen Stiel vergänglicher schmaler Ring.
Fleisch: gelblich, dünn, zart, weich, Geruch stark nach Mehl.

Auf einen Blick: dem Stockschwämmchen, Nr. 46, ähnlicher Pilz, der jedoch nur an Nadelholz wächst und keinen schuppigen Stiel wie dieses aufweist, ausserdem Mehlgeruch hat.

80 **Frühjahrslorchel** *(Gyromitra esculenta)*

Vorkommen: März–Mai besonders im sandigen Kiefernwald, auf Kahlschlägen, in Schonungen.

Hut: 2–10 cm, rotbraun, dunkel- bis schwarzbraun, hirnartig gewunden, matt, zartsamtig bis filzig, innen hohl.
Stiel: 3–6 cm lang, 1,5–3 cm dick, weisslich, graugelblich, kleiig-filzig, faltig-grubig, hohl gekammert.
Fleisch: wachsartig, weisslich, mürbe, zerbrechlich.

Auf einen Blick: den essbaren Morcheln, Nr. 67 und Nr. 68, ähnlicher Pilz, der jedoch lappenartig oder hirnartig gewunden ist, während die Morcheln wabenartig gekammert sind und schärfere Leisten aufweisen. Früher wurde auch die Frühjahrslorchel nach Abkochen gegessen.

81 **Kahler Krempling, Speckpilz** *(Paxillus involutus)*

Vorkommen: Juni–November im Laub- und Nadelwald.

Hut: 5–15 cm, ockerbraun, olivbraun, rötlichbraun, kahl, feinfilzig, alt glatt und mattglänzend, jung flachkugelig, bald flach mit stark eingerolltem (eingekrempeltem) Rand, im Alter aufgeschlagen und ungleich wellig verbogen, an Druckstellen sofort dunkelbraun verfärbend.

Lamellen: etwas am Stiel herablaufend, ockerbräunlich, dichtstehend, teils gegabelt, an Druckstellen sofort dunkelbraun verfärbend.

Stiel: 4–5 cm lang, 1–2 cm dick, gelblichbräunlich, feinfaserig-filzig, zartschuppig, voll, an Druckstellen braun verfärbend.

Fleisch: fest, ockerbräunlich, nach Anschnitt braun verfärbend, Geruch und Geschmack säuerlich-obstig.

Auf einen Blick: ganzer Pilz ockerbraun, an Druckstellen dunkelbraun verfärbend.

82 **Satansröhrling** *(Boletus satanas)*

Vorkommen: August–September im Laubwald auf Kalkboden, besonders bei Buchen.

Hut: 10–30 cm, steingrau, silbergrau, olivgrau, auch ockerlich, an Schneckenfrassstellen gelb bis rötlich, polsterförmig gewölbt, kahl, matt, manchmal rissig, Huthaut nicht abziehbar.

Röhren: gelblich, grüngelblich bis schmutzigoliv, auf Druck blaugrün, Mündungen karminrot.

Stiel: 5–12 cm lang, bis 10 cm dick in der Knolle, gelb bis karminrot, feine Netzzeichnung.

Fleisch: weisslich, schwach blauend, im Stiel auch rötend, Geruch aasartig.

Auf einen Blick: grosser sehr heller Röhrling mit rot erscheinendem Röhrenpolster, Aasgeruch.

83 **Gallenröhrling** *(Tylopilus felleus)*

Vorkommen: Juni–Oktober im Nadelwald.

Hut: 4–12 cm, hell- bis dunkelbräunlich, gelbbräunlich, feinfilzig, matt, kahl, dickfleischig, Oberhaut nicht abziehbar, jung halbkugelig verformt, dann polsterförmig, im Alter flacher.
Röhren: um den Stiel eine Rinne bildend, weisslich, dann blass- oder graurosa, an Druckstellen fleischrostfarben verfärbend, leicht vom Fleisch ablösbar, im Alter unter dem Hutrand hervorquellend.
Stiel: 10–12 cm lang, 3–5 cm dick, gelblich-bräunlich, grobe dunkle Netzzeichnung.
Fleisch: weiss, fest, im Alter schwammig, nicht verfärbend, Geruch pilzartig, Geschmack sehr bitter.

Auf einen Blick: bräunlicher Röhrling mit weisslichen Röhren und stark bitterem Fleisch.

84 **Schönfussröhrling** *(Boletus calopus)*

Vorkommen: Juli–Oktober im Nadelwald, selten im Laubwald, besonders auch im Gebirge.

Hut: 5–20 cm, graugelb bis graubräunlich, ockerbräunlich, schwach filzig, samtig, trocken, dickfleischig, jung verformt-halbkugelig, bald flachpolsterförmig mit lange eingebogenem Rand.
Röhren: hellgelb, zitronengelb, schmutziggelb bis olivgrünlich, an Druckstellen sofort grünblau verfärbend, Mündungen sehr fein, rundlich.

Stiel: 6–8 cm lang, 2–5 cm dick, Spitze gelb, zur Basis kräftig rot, gelbe bis rote Netzzeichnung, voll, fest.
Fleisch: weisslich bis hellgelb, nach Anschnitt bald grünblau verfärbend, bald wieder ausbleichend, derb, fest, Geruch etwas säuerlich, Geschmack bitter.

Auf einen Blick: bräunlicher Röhrling mit gelben Röhren und rotem Stiel, bitter.

REGISTER

Deutsche Namen

Lateinische Namen